Berichte aus dem
Institut für Umformtechnik
der Universität Stuttgart
Herausgeber: Prof. Dr.-Ing. K. Lange

80

AF735934

Klaus Pöhlandt

Vergleichende Betrachtung der Verfahren zur Prüfung der plastischen Eigenschaften metallischer Werkstoffe

Mit 43 Abbildungen und 11 Tabellen

Springer-Verlag Berlin Heidelberg GmbH 1984

Dr.-Ing. Klaus Pöhlandt
Institut für Umformtechnik
Universität Stuttgart

Dr.-Ing. Kurt Lange
o. Professor an der Universität Stuttgart
Institut für Umformtechnik

D 93

ISBN 978-3-540-13578-4 ISBN 978-3-662-10772-0 (eBook)
DOI 10.1007/978-3-662-10772-0

Das Werk ist urheberrechtlich geschützt. Die dadurch begründeten Rechte, insbesondere die der Übersetzung, des Nachdrucks, der Entnahme von Abbildungen, der Funksendung, der Wiedergabe auf photomechanischem oder ähnlichem Wege und der Speicherung in Datenverarbeitungsanlagen bleiben, auch bei nur auszugsweiser Verwendung, vorbehalten. Die Vergütungsansprüche des § 54, Abs. 2 UrhG werden durch die „Verwertungsgesellschaft Wort", München, wahrgenommen.
© Springer-Verlag Berlin Heidelberg 1984
Ursprünglich erschienen bei Springer-Verlag Berlin · Heidelberg · New York · Tokyo 1984

Die Wiedergabe von Gebrauchsnamen, Handelsnamen, Warenbezeichnungen usw. in diesem Werk berechtigt auch ohne besondere Kennzeichnung nicht zu der Annahme, daß solche Namen im Sinne der Warenzeichen- und Markenschutz-Gesetzgebung als frei zu betrachten wären und daher von jedermann benutzt werden dürften.

Gesamtherstellung: Copydruck GmbH, Offsetdruckerei, Industriestraße 1-3, 7258 Heimsheim, Telefon 0 70 33/38 25-26
2362/3020—543210

GELEITWORT DES HERAUSGEBERS

Die Umformtechnik zeichnet sich durch sehr gute Werkstoffauswertung und hohe Mengenleistung in der Serienfertigung gegenüber anderen Fertigungsverfahren aus, wobei Beibehaltung der Masse, Änderung der Festigkeitseigenschaften während eines Vorgangs und elastische Rückfederung der Werkstücke nach einem Vorgang wesentliche Merkmale sind. Weiter sind die benötigten Kräfte, Arbeiten und Leistungen sehr viel größer als z.B. bei spanenden Verfahren. Die sichere Beherrschung eines Verfahrens in der industriellen Fertigung und die zunehmende Forderung nach Vermeidung bzw. Minimierung spanender Nacharbeit erzwingen die geschlossene Betrachtung des Systems "Umformende Fertigung" unter zentraler Berücksichtigung plastizitätstheoretischer, werkstoffkundlicher und tribologischer Grundlagen.

Das Institut für Umformtechnik der Universität Stuttgart stellt entsprechend Forschung und Entwicklung zum einen auf die Erarbeitung von Grundlagenwissen in diesen Bereichen ab, zum anderen untersucht und entwickelt es Verfahren unter Anwendung spezieller Meßtechniken mit dem Ziel einer genauen quantitativen Ermittlung des Einflusses der Parameter von Vorgang, Werkstoff, Werkzeug und Maschine. Die Behandlung von Problemen des Maschinenverhaltens, der Maschinenkonstruktion sowie der Werkzeugauslegung und -beanspruchung, der Auswahl hochbeanspruchbarer, verschleißfester Werkzeugbaustoffe und schließlich der Tribologie gehört entsprechend ebenfalls zum Arbeitsgebiet, das durch die Erfassung organisatorischer und betriebswirtschaftlicher Fragen abgerundet wird.

Im Rahmen der "Berichte aus dem Institut für Umformtechnik" erscheinen in zwangloser Folge jährlich mehrere Bände, in denen über einzelne Themen ausführlich berichtet wird. Dabei handelt es sich vornehmlich um Abschlußberichte von Forschungsvorhaben, Dissertationen, aber gelegentlich auch um andere Texte. Diese Berichte sollen den in der Praxis stehenden Ingenieuren und Wissenschaftlern zur Weiterbildung dienen und eine Hilfe bei der Lösung umformtechnischer Aufgaben sein. Für die Studierenden bieten sie die Möglichkeit zur Vertiefung der Kenntnisse. Die seit zwei Jahrzehnten bewährte freundschaftliche Zusammenarbeit mit dem Springer-Verlag sehe ich als beste Voraussetzung für das Gelingen dieses Vorhabens an.

Kurt Lange

Vorwort

Die vorliegende Arbeit entstand während meiner Tätigkeit als Leiter der Abteilung für Grundlagen am Institut für Umformtechnik der Universität Stuttgart.

Herrn Professor Dr.-Ing. K. Lange danke ich für die Anregung und Ermutigung zu dieser Arbeit. Ferner möchte ich den Herren danken, die unter meiner Anleitung die in dieser Schrift beschriebenen Untersuchungen durchführten: Herrn Dipl.-Ing. W. Nester und Herrn A.E. Tekkaya MSc.

Mein Dank gilt ferner allen Mitarbeiterinnen und Mitarbeitern des Institutes für Umformtechnik, die zum Gelingen der Arbeit beigetragen haben.

März 1984

Klaus Pöhlandt

Inhaltsverzeichnis

		Seite
	Symbolverzeichnis	12
0	Einleitung	17
1	Fließkurven	18
1.1	Fließkurven von Einkristallen	19
1.2	Fließkurven vielkristalliner metallischer Werkstoffe	2o
1.2.1	Korngrenzeneinfluß	2o
1.2.2	Fließkurven bei Raumtemperatur	21
1.2.3	Einfluß von Temperatur und Umformgeschwindigkeit	22
2	Aufnahme von Fließkurven	24
2.1	Zugversuch	24
2.1.1	Zugversuch nach DIN 50145	24
2.1.2	Verfahren nach Siebel und Schwaigerer	25
2.1.3	Ermittlung der Fließkurve aus Kennwerten im Zugversuch	26
2.2	Stauchversuch	28
2.2.1	Grundbegriffe	28
2.2.2	Einfluß der Reibung	33
2.2.2.1	Allgemeines	33
2.2.2.2	Überblick über die Ausführungsformen des Stauchversuches	35
2.2.3	Diskontinuierlicher Stauchversuch	39
2.2.4	Rastegaev-Versuch	43
2.2.4.1	Zylinderstauchversuch mit konventioneller Schmierung	43
2.2.4.2	Prinzip des Rastegaev-Versuches	44
2.2.4.3	Optimale Geometrie von Rastegaev-Proben	47
2.2.4.4	Fehler beim Rastegaev-Versuch	53
2.2.4.5	Rastegaev-Versuch mit Messung der Durchmesserzunahme	55
2.2.5	Stauchen nichtzylindrischer Proben	57
2.2.6	Flachstauchversuch	59

		Seite
2.2.7	Vergleichende Betrachtung der Ausführungsformen des Stauchversuches	62
2.3	Verdrehversuch	7o
2.3.1	Grundbegriffe	7o
2.3.2	Berechnung der Fließkurve aus den Meßdaten	72
2.3.3	Auswirkung des Fließkriteriums	73
2.3.4	Fehler beim Torsionsversuch	75
2.4	Aufnahme von Warmfließkurven	76
2.4.1	Allgemeine Bedingungen	76
2.4.2	Warmzugversuch	81
2.4.3	Warmstauchversuch	81
2.4.4	Warmverdrehversuch	85
2.5	Weitere Prüfverfahren	87
2.5.1	Überblick	87
2.5.2	Prüfverfahren bei extremer Umformgeschwindigkeit	88
2.5.3	Prüfverfahren bei überlagerter hydrostatischer Druckspannung	92
2.5.4	Eindringverfahren	93
2.5.5	Prüfung ungewöhnlicher Werkstoffe	94
3	Kritischer Vergleich der Methoden	97
3.1	Überblick	97
3.2	Die drei Grundversuche	98
3.3	Zu den Sonderprüfverfahren	1o3
4	Ermittlung der Fließkurven von Blechwerkstoffen	1o5
4.1	Zur Besonderheit von Blechwerkstoffen	1o5
4.2	Flachzugversuch	1o6
4.3	Versuch mit ebener Formänderung	111
4.4	Hydraulischer Tiefungsversuch (bulge-test)	113
4.5	Ebener Torsionsversuch	116
4.5.1	Prinzip des Versuches	116
4.5.2	Anwendungsgrenzen	123
4.5.3	Erste Ergebnisse und vorläufige Bewertung	125

		Seite
4.6	Einfluß der Umformgeschwindigkeit und der Temperatur	128
4.7	Vergleich der Methoden und Gegenüberstellung mit den Prüfverfahren für massive Proben	129
4.8	Abschließender Vergleich der Prüfverfahren für Bleche mit denen für massives Probematerial	131
5	Richtungsabhängigkeit	133
5.1	Überblick	133
5.2	Bestimmung des r-Wertes von Blechwerkstoffen	137
6	Zur Übertragbarkeit der Ergebnisse	141
6.1	Problemstellung	141
6.2	Unsicherheit experimentell bestimmter Fließkurven	141
6.2.1	Meßfehler und angenommenes Fließkriterium	141
6.2.2	Zur Probenahme	142
6.2.2.1	Lage und Anzahl der Proben	142
6.2.2.2	Größeneinfluß	143
6.3	Abschätzung von Fließkurven ohne experimentelle Bestimmung	149
7	Zusammenfassung	151
8	Anhang: Zur Theorie des ebenen Torsionsversuches	152
9	Literatur	155

Symbolverzeichnis

A_o	Anfangsquerschnitt einer Zugprobe
A	Momentaner Querschnitt einer Zugprobe
A_{min}	Probenquerschnitt in der Einschnürung einer Zugprobe
A_g	Gleichmaßdehnung
A_5	Bruchdehnung eines 5er Proportionalstabes
A_{10}	Bruchdehnung eines 10er Proportionalstabes
a	Abmessung am Flachstauchwerkzeug (Bild 20)
a	Probenabmessung (Bild 31)
α	Drehwinkel
$\dot{\alpha}$	Ableitung des Drehwinkels nach der Zeit
B	Faktor in Gl.(59,(60)
B	Kopfbreite einer Zug- oder Torsionsprobe
b	Abmessung am Flachstauchwerkzeug (Bild 20)
b	Anfangsbreite einer Flachzugprobe
b	Probenabmessung (Bild 31)
β	Konstante in Gl.(62),(63)
C	Konstante in Gl.(12)
C	Konstante in Gl.(62)
c	Spezifische Wärme
c	Probenabmessung (Bild 31)
D	Konstante in Gl.(88)
d	Mittlerer Korndurchmesser
ϑ	Winkel (Bild 36)
δ	Faktor in Gl.(66)
ε	Dehnung
η	Winkel (Bild 36)
F	Kraft

F'	bezogene Stauchkraft
φ	Umformgrad
φ_o	Umformgrad bei Versuchsbeginn
φ_1	Umformgrad nach der 1. Stufe eines Stufenstauchversuches
φ_g	Umformgrad bei Gleichmaßdehnung im Zugversuch
φ_v	Vergleichsumformgrad
$\Delta\varphi$	Zunahme des Umformgrades
$\dot{\varphi}$	Umformgeschwindigkeit
$\dot{\varphi}_1$	Bezugswert für
γ	Schiebung
γ_u	Schiebung im Radialabstand u
γ_u^*	Schiebung im Radialabstand u
γ_{uk}	Schiebung im Radialabstand u unter Berücksichtigung der Kerbwirkung
γ_r	Schiebung auf der Mantelfläche einer Torsionsprobe
$\dot{\gamma}$	Schiebungsgeschwindigkeit
$\dot{\gamma}_u$	Ableitung von γ_u nach der Zeit
$\dot{\gamma}_r$	Ableitung von γ_r nach der Zeit
G	Fehlergrenze im Sinne von DIN 1319
h_o	Anfangshöhe einer Stauchprobe
h	Momentane Höhe einer Stauchprobe
h	Kopflänge einer Flachzugprobe
h	Polbeulhöhe im hydraulischen Tiefungsversuch
k_f	Fließspannung
k_{f1}	Bezugswert von k_f in Gl.(7)
k_{f1}	Bezugswert von k_f in Gl.(58)
k_{fm}	Mittlere Fließspannung in Gl.(67)
k_w	Umformwiderstand

k	Konstante in Gl.(6)
l_o	Anfangslänge einer Zugprobe (Rundstab)
L_o	Anfangslänge einer Flachzugprobe
L_c	Versuchslänge einer Flachzugprobe
L_t	Gesamtlänge einer Flachzugprobe
l	Meßlänge einer Torsionsprobe
l_p	Wirksame Länge einer Torsionsprobe
Δl	Längenänderung einer Zugprobe
M	Drehmoment
m	Dehngeschwindigkeitsempfindlichkeitsindex
μ	Reibzahl
μ_{st}	Reibzahl für Haftreibung
n	Verfestigungsexponent
n_1	Schätzwert für n
n	Konstante in Gl.(62)
p	Hydrostatischer Prüfdruck
Q	Aktivierungsenergie
ρ	Dichte
ρ	Konturradius bei einer Zugprobe, einer Zylinderstauchprobe oder beim bulge-test
R	Übergangsradius an einer Torsionsprobe (Bild 25)
R	Gaskonstante
R_m	Zugfestigkeit
R_z	Rauhtiefe
r_o	Anfangsradius einer Zug-, Zylinderstauch- oder Torsionsprobe
r_o	Anfangsradius eines Meßkreises im bulge-test (Bild 32)
r	Momentaner Radius einer Zug- oder Zylinderstauchprobe

r	Radialabstand im ebenen Torsionsversuch
r	Momentaner Radius eines Meßkreises im bulge-test (Bild 32)
r	Senkrechte Anisotropie
r_{max}	Maximaler Radius einer aufgebauchten Zylinderstauchprobe
r_i	Radius der inneren Spannbacke
r_a	Radius der äußeren Spannbacke
$\bar{r}$	Mittlere senkrechte Anisotropie
Δr	Ebene Anisotropie
s_o	Anfangsblechdicke
s	Momentane Blechdicke
s	Stauchweg
σ	Streckgrenze
$\sigma_{1;\ 2}$	Hauptspannungen
σ_{ik}	Komponenten des Spannungstensors
σ	Stauchgrenze bei unendlich großer Korngröße
σ_m	Hydrostatischer Spannungsanteil
T	Temperatur
T_s	Schmelztemperatur
t_o	Anfangswert der Wulsthöhe (Bild 12)
t	Momentane Wulsthöhe
t	Zeit
τ	Schubspannung
τ_1	Konstante in Gl.(A5)
τ^*	Schubspannung im Radialabstand u^*
u_o	Anfangswert der Wulstbreite(Bild 12)
u	Momentane Wulstbreite
u	Radialabstand in einer Torsionsprobe

u^*	Kritischer Radialabstand (Torsionsprobe)
w	Änderung des Probendurchmessers
ω	Relativer Fehler
$\varkappa$	Reibzahl mit Schmiermittel im Rastegaev-Test
ξ	Winkel (Bild 40)
x	Relative Meßänderung
Z	Temperatur- korrigierte Umformgeschwindigkeit in Gl.(63)
z	Axialkoordinate (Bild 25)

0 Einleitung

Für die Auslegung von Umformwerkzeugen und die Auswahl von Umformmaschinen ist die Kenntnis der Spannungen in der Umformzone und der daraus resultierenden Kraft erforderlich. Die Spannungen sind in erster Linie von den Eigenschaften des Werkstückstoffes im plastischen Zustand, von den Reibverhältnissen in der Wirkfuge und von der Werkzeuggestaltung abhängig. Die Bedeutung der Werkstoffeigenschaften für den Umformvorgang sowie die Veränderung der Werkstoffeigenschaften durch die Umformung werden durch Bild 1 veranschaulicht.

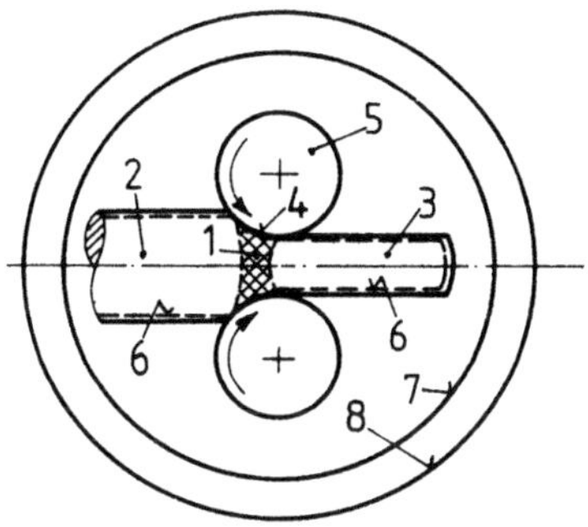

Bild 1: Ein allgemeines System zur Untersuchung von Umformvorgängen (nach Backofen, Gebhardt, Kienzle, Lange, Schey [1])

1 Plastische Zone
2 Werkstoffeigenschaften vor der Umformung
3 Werkstoffeigenschaften nach der Umformung
4 Berührzone
5 Werkzeug
6 Werkstück und umgebende Atmosphäre
7 Umformmaschine
8 Fabrik

Aussagen über die Spannungsverteilung und den resultierenden Kraft- und Arbeitsbedarf eines Umformvorganges können mit den Verfahren der Plastizitätstheorie gemacht werden. Voraussetzung derartiger Berechnungen ist die Kenntnis des Umformverhaltens der Metalle. Dies ist das Thema der vorliegenden Arbeit.
Das Umformverhalten eines Metalles wird beschrieben durch die Fließkurve, die Fließortkurve und das Formänderungsvermögen. In der vorliegenden Arbeit werden im wesentlichen nur Methoden zur Bestimmung von Fließkurven behandelt. Dabei steht die Betrachtung der plastischen Verformung der Versuchsproben unter werkstoffkundlichen und z.T. auch unter plastomechanischen Gesichtspunkten im Vordergrund. Auf die Prüfmaschine und die meßtechnischen Einrichtungen wird i. allg. nicht eingegangen, außer wenn dies im Zusammenhang mit der genannten Themenstellung notwendig erscheint.
Wegen der Breite des Themas können auch die mit der plastischen Verformung der Versuchsproben zusammenhängenden Fragen teilweise nur durch exemplarische Literaturangaben belegt werden.
Schwerpunktmäßig behandelt und durch eigene Experimente vertieft werden der Zylinderstauchversuch nach Rastegaev sowie die Aufnahme der Fließkurve von Blechwerkstoffen im ebenen Torsionsversuch.
Es wird im Normalfall vorausgesetzt, daß das zu untersuchende Probematerial als Halbzeug - d.h. als Stabmaterial oder als Blech, nicht aber als Stückgut - vorliegt.
Die Beeinflussung der Gebrauchseigenschaften des Werkstückes durch den Umformvorgang bleibt ausgeklammert.

1 Fließkurven

Im folgenden werden nach Darlegung einiger Grundbegriffe die wichtigsten Werkstoffeinflüsse auf den Verlauf der Fließkurven metallischer Werkstoffe angedeutet. Für eine ausführliche Behandlung dieser Thematik sei auf die Literatur verwiesen.

1.1 Fließkurven von Einkristallen

Im einfachsten Fall werden zur Ermittlung der Fließkurve im Zugversuch die Kraft F und die Längenzunahme Δl der Probe gemessen. Die Spannung F/A (A = momentaner Probenquerschnitt) heißt im Bereich des plastischen Fließens Fließspannung k_f:

$$k_f = \frac{F}{A} \tag{1}$$

Da im allgemeinen bei plastischer Verformung Volumenkonstanz gilt, kann der Probenquerschnitt A aus der gemessenen Längenänderung berechnet werden:

$$A = \frac{\pi r_o^2 l_o}{l_o + \Delta l} \tag{2}$$

Die Fließspannung k_f wird aufgetragen über dem Umformgrad

$$\varphi = \ln \left(\frac{l_o + \Delta l}{l_o}\right) \tag{3}$$

Die "Fließkurve"

$$k_f = k_f(\varphi) \tag{4}$$

gibt die Spannung an, die im einfachsten Spannungszustand notwendig ist, um beim Umformgrad φ plastisches Fließen einzuleiten bzw. aufrechtzuerhalten.
Die Übertragung der Fließspannung aus dem einachsigen auf mehrachsige Spannungszustände ist durch die Fließkriterien nach Tresca und v. Mises möglich.
Im allgemeinen Fall muß in Gl.(4) statt des Umformgrades der Vergleichsumformgrad φ_v eingesetzt werden. Beim einachsigen Zugversuch gilt jedoch [1]:

$$\varphi_v = \varphi \tag{5}$$

wobei φ durch Gl.(3) gegeben ist.
Im folgenden wird, wenn dies nicht zu Mißverständnissen führt, der Einfachheit halber häufig φ statt φ_v geschrieben.

Außer vom Umformgrad φ ist die Fließspannung eines Werkstoffes abhängig von der Umformgeschwindigkeit $\dot{\varphi} = d\varphi/dt$, der Temperatur, sowie im allgemeinen Fall eines anisotropen Werkstoffes von der Richtung, in der die Probe aus dem Werkstück entnommen wird [2], zudem in geringem Maße von der mittleren Spannung $\sigma_m = \frac{1}{3}(\sigma_1+\sigma_2+\sigma_3)$ [3,4].

1.2 Fließkurven vielkristalliner metallischer Werkstoffe

Die Fließkurven von Einkristallen werden z.B. in [5] ausführlich behandelt.

Die Körner eines Vielkristalles können sich nicht wie Einkristalle verformen, denn jedes Korn muß sich bei der Umformung den Nachbarkörnern anpassen. Dazu ist erforderlich, daß mehrere "Gleitsysteme" in Aktion treten.

Mehrfachgleitung und Korngrenzeneinfluß führen bei Vielkristallen dazu, daß die Fließspannung meist wesentlich höher ist als bei Einkristallen.

1.2.1 Korngrenzeneinfluß

Bei der plastischen Formänderung von Vielkristallen wirken die Korngrenzen als Versetzungsquellen und zugleich als Hindernisse für die Versetzungsbewegung.

Daher sind die Fließkurven von der Korngröße abhängig.

Der Korngrößeneinfluß auf die Streckgrenze bzw. auf den Beginn der Fließkurve wird meist durch die "Hall-Petch-Beziehung" beschrieben [5]

$$\sigma(d) = \sigma_\infty + \frac{k}{\sqrt{d}} \qquad (6)$$

Diese Beziehung ist bei vielen Metallen für den Beginn der Fließkurve erfüllt [7]. Dadurch besteht im Prinzip die Möglichkeit, Verfestigungskurven von Einkristallen mit Vielkristallfließkurven zu vergleichen.

Bei größeren Formänderungen besteht kein einfacher Zusammenhang zwischen Fließspannung und Korngröße.

1.2.2 Fließkurven bei Raumtemperatur

Metallphysikalisch ist die Raumtemperatur keine ausgezeichnete Temperatur für die Elementarvorgänge bei der Umformung. Sie wird aber als Grundlage für die technische Definition von Warm- und Kaltumformung herangezogen.
Bei Temperaturen unterhalb des Bereiches der Kristallerholung steigt die Fließspannung mit dem Umformgrad meist stetig an, wobei die Steigung $dk_f/d\varphi$ mit wachsendem Umformgrad abnimmt, vgl. Bild 2.

Es wird jedoch beobachtet, daß bei Umformvorgängen größenordnungsmäßig etwa 9o% der Umformarbeit in Wärme umgewandelt werden [6] . Der Rest der Umformarbeit wird im Werkstoff als innere Energie gespeichert. Die während der Umformung stattfindende Erwärmung kann - vor allem bei niedrigschmelzenden Metallen - bei der Aufnahme von Fließkurven das Ergebnis beeinflussen.

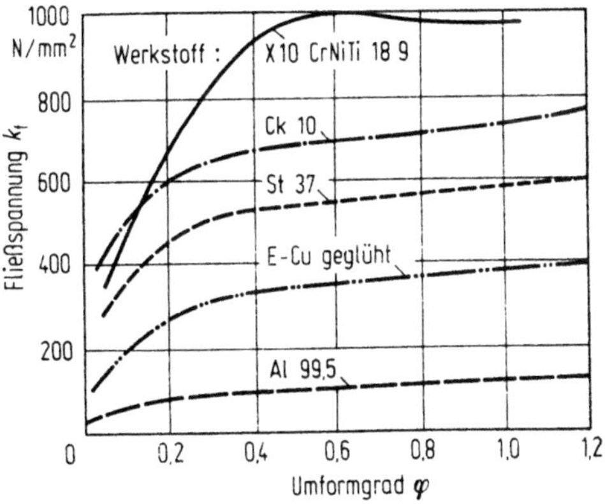

Bild 2: Fließkurven einiger Metalle bei Raumtemperatur [8].

1.2.3 Einfluß von Temperatur und Umformgeschwindigkeit

Bei höheren Temperaturen finden Erholungs- bzw. Rekristallisationsvorgänge infolge thermischer Aktivierung statt, so daß die Fließkurven außer von der Temperatur und dem Umformgrad stark von der Umformgeschwindigkeit abhängen.
Ein Beispiel ist in Bild 3 gezeigt, wo die Fließkurven ab etwa 5oo K (227°C) ein ausgeprägtes Maximum durchlaufen und dann zu höheren Umformgraden wieder abfallen.
Außerdem nimmt die Fließspannung für gegebenen Umformgrad i.allg. mit steigender Temperatur ab.

Ob die Rekristallisierung oder die Kristallerholung der dominierende Vorrang ist, muß von Fall zu Fall entschieden werden. Sowohl die Erholungsvorgänge als auch die Rekristallisation erfolgen mit endlicher, von der Temperatur abhängiger Geschwindigkeit. Der Verlauf der Fließkurve, der sich aus der Verfestigung durch Zunahme der Versetzungsdichte und gleichzeitiger Entfestigung durch Kristallerholung bzw. Rekristallisation ergibt, wird dadurch stark von der Temperatur T und der Umformgeschwindigkeit $\dot{\varphi}$ abhängig. Bei konstanter Temperatur läßt sich die Geschwindigkeitsabhängigkeit der Fließspannung in Näherung durch eine Potenzfunktion der Art

$$k_f \approx k_{f1} \left(\frac{\dot{\varphi}}{\dot{\varphi}_1}\right)^m \qquad (7)$$

darstellen. Hierin ist k_{f1} die Fließspannung bei der Umformgeschwindigkeit $\dot{\varphi}_1$.
Nach [9] liegt der m-Wert für Stahl bei Raumtemperatur etwa bei 0 bis 0,05, und im Bereich oberhalb 1150 K etwa zwischen 0,1 und 0,2.
Bild 4 zeigt die Fließkurve von Stahl (C 15) bei verschiedenen Umformgeschwindigkeiten. Die Fließspannung steigt mit der Umformgeschwindigkeit an, denn mit wachsender Umformgeschwindigkeit steigt die Zunahme der Versetzungdichte pro Zeiteinheit gegenüber den entfestigenden Vorgängen an.
In Abschnitt 2.4 finden sich weitere Angaben zu den Besonderheiten der Warmumformung.

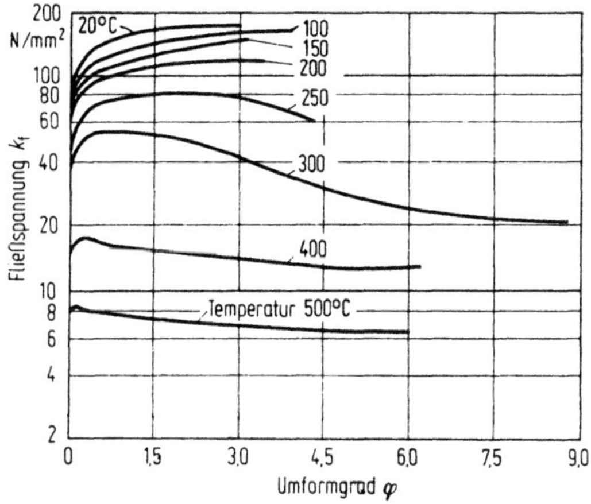

Bild 3: Abhängigkeit der Fließspannung von Aluminium techn. Reinheit von Umformgrad und Temperatur [2].

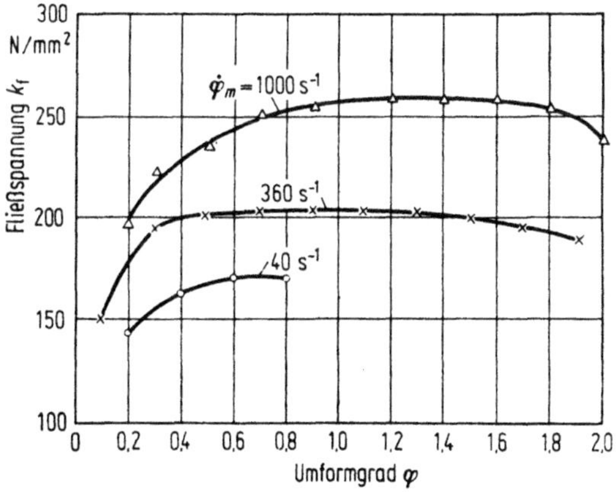

Bild 4: Fließkurve von C 15 bei 1373 K (1100°C) bei verschiedenen Umformgeschwindigkeiten [10].

Fließkurven werden durch Versuche bestimmt; in Sonderfällen können sie bei Stählen aus der chemischen Zusammensetzung berechnet werden, vgl. Abschnitt 6.3.
Im folgenden werden die wesentlichen Methoden zur Aufnahme der Fließkurven vielkristalliner metallischer Werkstoffe (d.h. keine Einkristalle) beschrieben. Dabei wird zunächst nur die Verformung isotroper Werkstoffe bei Raumtemperatur betrachtet. Es wird grundsätzlich vorausgesetzt, daß die Fließkurve an einer nicht vorverformten Probe ermittelt wird; wenn nicht ausdrücklich anders angegeben, gilt für den Umformgrad bei Versuchsbeginn $\varphi_o = 0$. Streckgrenzenphänomene werden im folgenden zunächst nicht berücksichtigt, sondern es wird die plastische Verformung im Bereich oberhalb der Streckgrenze betrachtet. Zum Streckgrenzenphänomen finden sich einige Angaben in Abschnitt 6.4.

2.1 Zugversuch

Wird die Fließkurve nur im Bereich kleiner Umformgrade benötigt, wird im allg. der Zugversuch eingesetzt, denn dieser ist zu einem hohen Stand entwickelt worden in Bezug auf Instrumentierung, Versuchsauswertung und Normung.
In DIN 50125 und 50145 sowie 50114 ist der Zugversuch an massiven bzw. flachen Proben genormt.

2.1.1 Zugversuch nach DIN 50145

Im Bereich der Gleichmaßdehnung wird angenommen, daß die Zugkraft gleichmäßig über den Querschnitt der Probe verteilt ist. Für die Fließspannung gilt dann

$$k_f = \frac{F}{A} \tag{8}$$

Hierin ist A durch Gl.(4) gegeben.

Der Bereich der Gleichmaßdehnung hat als obere Grenze die Dehnung A_g, bei der im Zugversuch die maximale Zugkraft auftritt.

Zu diesem Zeitpunkt beginnt die Probe örtlich einzuschnüren. Der große Nachteil des Zugversuches liegt darin, daß die Einschnürung schon bei relativ kleinen Umformgraden einsetzt. Für viele metallische Werkstoffe gilt

$$\varphi_g = \ln (1+ A_g) \approx 0{,}2...0{,}3 \tag{9}$$

Die Ermittlung der Fließspannung im Zugversuch über den Bereich der Gleichmaßdehnung hinaus wird im folgenden Abschnitt beschrieben.

2.1.2 Verfahren nach Siebel und Schwaigerer

Nach Siebel und Schwaigerer [11] berechnet sich die Fließspannung gemäß

$$k_f = \frac{F}{A_{min}\left(1 + \frac{r}{4\varrho} \right)} \tag{10}$$

Der zugehörige Vergleichsumformgrad ist

$$\varphi_v = \ln \left[\frac{A_0}{A_{min}}\right] \tag{11}$$

Darin bedeuten

A_{min}	kleinste Querschnittsfläche	im Einschnürbereich
r	Probenradius	
ϱ	Krümmungsradius	

Voraussetzung ist, daß die Probe auch in der Einschnürzone ihren kreisförmigen Querschnitt beibehält.

Fehlermöglichkeiten ergeben sich in erster Linie bei der Bestimmung von ϱ und durch Vernachlässigung des Geschwindigkeitseinflusses. Bleibt die Ziehgeschwindigkeit der Maschine während des Versuches konstant, so treten beim Einschnüren erheblich höhere Umformgeschwindigkeiten auf als im Bereich der Gleichmaßdehnung, da die Umformzone im wesentlichen auf die Einschnürstelle beschränkt ist. Unter Einbeziehung der Einschnürung werden im Zugversuch Umformgrade bis $\varphi \approx 1{,}0$ erreicht.

Ein vereinfachtes Auswertungsverfahren ist in [12] beschrieben.

2.1.3 Ermittlung der Fließkurve aus Kennwerten im Zugversuch

Die Fließkurven von unlegierten und niedriglegierten Stählen sind bei Raumtemperatur bis zu Umformgraden $\varphi \approx 1$ in doppelt-logarithmischer Darstellung Geraden. Demnach gilt

$$k_f \approx C\,\varphi^n \tag{12}$$

Dies ist die sog. "Ludwik-Gleichung". Einige typische Werte für C und n sind in Tab. 1 angegeben.
Fließkurven von hochlegierten Stählen und von Kupfer lassen sich durch Gl.(12) dagegen nicht beschreiben.
Wenn Gl.(12) als gültig vorausgesetzt werden kann, genügt zur Ermittlung der Fließkurve die Bestimmung der Konstanten C und n im Zugversuch [14,15].
Es läßt sich zeigen, daß gilt

$$n \approx \varphi_g \tag{13}$$

$$C \approx R_m \left(\frac{e}{n}\right)^n \tag{14}$$

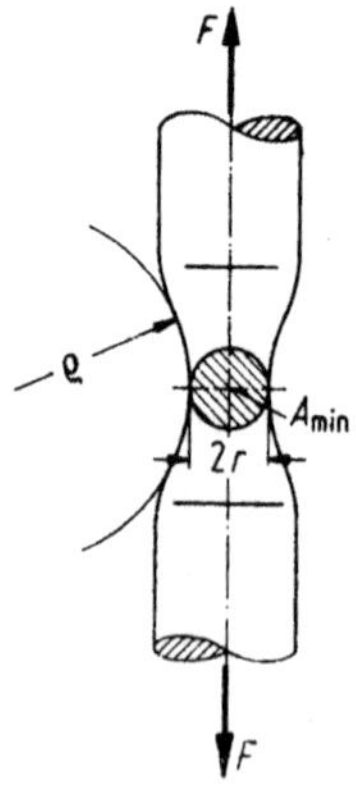

Bild 5: Einschnürstelle einer zylindrischen Zugprobe (schematisch)

Tab.1: Werte der Konstanten C und n in Gl. (12) für einige wichtige Werkstoffe der Umformtechnik [13].

Werkstoff	$\frac{C}{N/mm^2}$	n	Gültigkeitsbereich für φ
St38	730	0,10	
St42	850	0,23	
St60	890	0,15	
C10	800	0,24	
Ck10	730	0,22	
Ck35	960	0,15	
15Cr3	850	0,09	0,1..0,7
16MnCr5	810	0,09	0,1..0,7
20MnCr5	950	0,15	
100Cr6	1160	0,18	
Al99,5	110	0,24	
AlMg3	390	0,19	0,2..1,0
CuZn40	800	0,33	0,2..1,0

Zur Bestimmung der Fließkurve müssen somit lediglich Gleichmaßdehnung und Zugfestigkeit ermittelt werden.
Für die Messung der Gleichmaßdehnung gibt es verschiedene Möglichkeiten. Die exakteste besteht darin, daß die Probe bis über die Gleichmaßdehnung gedehnt, und φ_g aus der Dehnung einer außerhalb der Einschnürung liegenden Meßlänge ermittelt wird. Soll die Fließkurve nur näherungsweise ermittelt werden, so kann die Gleichmaßdehnung auch nach der Formel

$$A_g = 2\,A_{10} - A_5 \qquad (15)$$

berechnet werden. A_{10} und A_5 sind die Bruchdehnungen, die mit genormten Zugproben ($l_o = 20r_o$ bzw. $l_o = 10r_o$) ermittelt werden. In Gl.(15) ist angenommen, daß die Einschnürzone bei beiden Probenarten dieselbe Länge hat.
Für den Verfestigungsexponenten n ergibt sich

$$n \approx \varphi_g = \ln\,(1 + A_g) \qquad (16)$$

Dieses Vorgehen hat den Vorteil, daß die Fließkurve oft aus schon bekannten Werten für R_m, A_{10} und A_5 ermittelt werden kann, d.h. es ist die einfachste mögliche Vorgehensweise.
Ein Nachteil der Methode liegt darin, daß die Proben sehr genau hergestellt werden müssen. Bei einer örtlichen Schwächung des Querschnittes würde sich schon vorzeitig eine solche Einschnürung ausbilden [16]. Angaben zur Bewertung des Zugversuches im Vergleich zu anderen Methoden finden sich in Kap.3.

2.2 Stauchversuch

2.2.1 Grundbegriffe

Da das Formänderungsvermögen von Metallen i.allg. bei hydrostatischer Zugspannung am kleinsten ist, und bei hydrostatischer Druckspannung am größten [17,18], werden im Stauchversuch sehr hohe Umformgrade erreicht, so daß die Fließkurve im Stauchversuch in einem größeren Wertebereich ermittelt wird als im Zugversuch (hierzu s.a. Abschn. 2.3.3).

Daher wird der Stauchversuch zweckmäßig dann eingesetzt, wenn möglichst hohe Umformgrade erreicht werden sollen. Wenn die Fließkurve nur im Bereich kleiner Umformgrade interessiert, wird der Zugversuch bevorzugt. Der Zugversuch ergibt auch dann eine ausreichende Information, wenn der bei niedrigen Umformgraden ermittelte Verlauf der Fließkurve zu hohen Umformgraden extrapoliert werden kann. Dies ist der Fall, wenn für die Fließkurve Gl.(12) vorausgesetzt werden kann. Dann genügt es, C und n im Zugversuch zu bestimmen.

Im folgenden wird angenommen, daß Gl.(12) nicht als streng gültig angenommen werden kann, und daß die Fließkurve bis zu sehr hohen Umformgraden im Stauchversuch bestimmt werden soll; Gl.(12) wird nur noch zum Zweck grober Abschätzung verwendet.

Die Untersuchung beschränkt sich zunächst auf die Umformung bei Raumtemperatur (der Fall der Warmumformung wird in Abschnitt 2.4 behandelt) und auf massive Versuchsproben, d.h. dünne Bleche werden nicht betrachtet.

Zunächst wird der herkömmliche Zylinderstauchversuch an kreiszylindrischen Proben betrachtet (Zylinderstauchversuch). Der Versuch ist, soweit es die Ermittlung der Fließkurve betrifft, bis jetzt nicht genormt. Er kann jedoch in Anlehnung an DIN 50106 und VDI B 3200 [19] durchgeführt werden. Bei Stählen ist auch das Stahl-Eisen-Prüfblatt P 1123 [20] zu berücksichtigen.
Ein zylindrischer Probekörper wird zwischen ebenen, parallelen Stauchbahnen zusammengedrück, s.Bild 6.
Für den Vergleichsumformgrad gilt bei Vernachlässigung von Korrekturen nach dem Tresca-Kriterium

$$\varphi(F) \approx \ln \left[\frac{h(F)}{h_o}\right] < 0 \qquad (17)$$

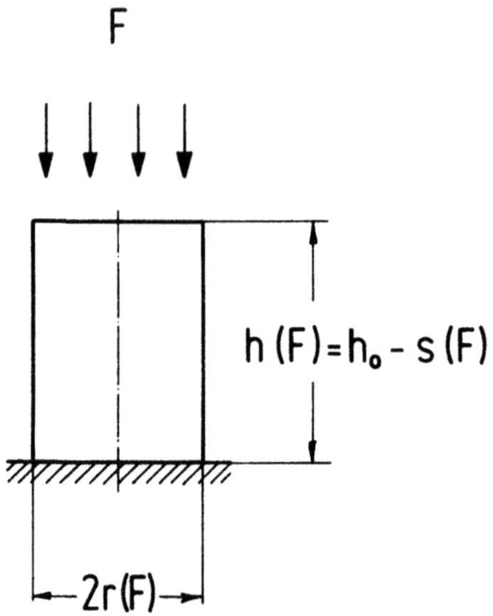

Bild 6: Zylinderstauchversuch (schematisch)

Hierin ist h(F) die momentane Probenhöhe bei der Last F. Es wird geschrieben

$$h(F) = h_o - s(F) \tag{18}$$

s(F) ist der gemessene Stauchweg. Aus Gl.(17) folgt für die momentane Probenhöhe als Funktion des Umformgrades

$$h(\varphi) = h_o \; e^{-|\varphi|} \tag{19}$$

Für die Ermittlung der Fließkurve wird vereinfachend angenommen, daß gilt

$$k_f(\varphi) = k_f(-\varphi) \tag{20}$$

(dies gilt allerdings nicht streng, da der hydrostatische Spannungsanteil die Fließspannung schwach beeinflußt [3,4,21]).

Daher werden im folgenden die Betragstriche weggelassen.

Für die Fließspannung wird zunächst als Näherung geschrieben

$$k_f\ (F) \approx \frac{F}{\pi r^2\ (F)} \tag{21}$$

Hierin ist r (F) der Probenradius bei der Kraft F. Unter der Voraussetzung der Volumenerhaltung, die für die meisten Werkstoffe gilt, kann für (21) auch geschrieben werden

$$k_f\ (F) \approx \frac{F\,[h_o - s(F)]}{\pi\, r_o^{\ 2}\, h_o} \tag{22}$$

Hierin ist s (F) der Stauchweg bei der Kraft F.

Mit Gl.(17),(22) lassen sich aus der gemessenen Last-Weg-Kurve F (s) Umformgrad und Fließspannung berechnen. Dabei geht die gemessene Kraft F lediglich in die Fließspannung ein, während die Höhenabnahme s sowohl in den Umformgrad als auch in die Fließspannung eingeht. Es ist demnach plausibel, daß der Meßfehler der Höhenabnahme sich stärker auf die berechnete Fließkurve k_f (φ) auswirkt als der Fehler der Kraftmessung.

Um die Auswirkung der Meßfehler auf die ermittelte Fließkurve zu verstehen, werden Stauchweg und Kraft als Funktion des Umformgrades geschrieben. Es gilt mit Gl.(17),(18),(21)

$$s\ (\varphi) \approx h_o\ [1 - e^{-\varphi}] \tag{23}$$

$$F\ (\varphi) \approx \pi\, k_{f1}\ r_o^2\ e^{\varphi}\ \varphi^n \tag{24}$$

In Gl.(24) ist für den Verlauf der Fließkurve Gl.(12) vorausgesetzt.

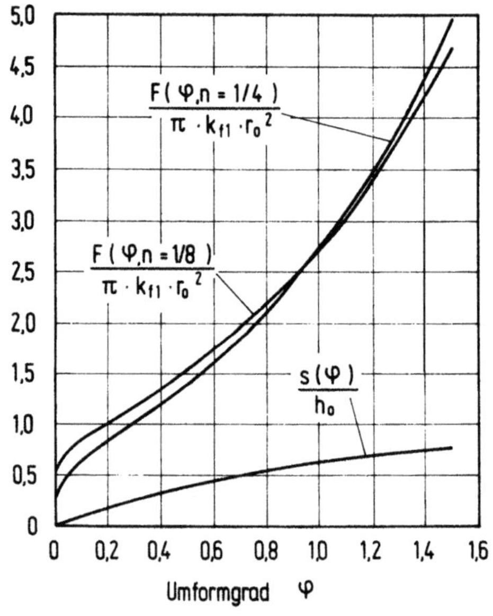

Bild 7: Last und Stauchweg als Funktion des Umformgrades beim Zylinderstauchversuch (Annahme $k_f\ (\varphi) = k_{f1}\ \varphi^{\ n}$; n = 1/4 bzw. 1/8)

In Bild 7 sind die durch (23),(24) gegebenen Kurven dargestellt. Für die Last-Weg-Kurve folgt

$$F(s) = \pi \, k_{f1} \, r_o^2 \, \frac{\left[\ln \left\{ 1 - \frac{s}{h_o} \right\} \right]^n}{\left[1 - \frac{s}{h_o} \right]^2} \tag{25}$$

Da die Kraft steil ansteigt, erfolgt eine merkliche elastische Verformung der Stauchbahnen, die den gemessenen Stauchweg zusätzlich verfälscht; dies gilt auch dann, wenn der Stauchweg direkt an der Probe zwischen den Stauchbahnen gemessen wird, denn eine elastische Verwölbung der Stauchbahnen unter den Berührflächen ist nicht auszuschließen.

2.2.2 Einfluß der Reibung

2.2.2.1 Allgemeines

Bei der üblichen Durchführung des Stauchversuches wird der im Prinzip erreichbare Umformgrad oft nicht voll genutzt, da Fehler auftreten, die mit zunehmendem Umformgrad anwachsen. Da der Bereich hoher Umformgrade der eigentliche Anwendungsbereich des Stauchversuches ist, kommt es darauf an, gerade solche Fehler zu unterdrücken.
Ein derartiger Fehler ergibt sich aus der Reibung. Die Reibung wirkt sich zweifach aus:

1) Sie macht eine zusätzliche Kraft zum Erreichen eines gegebenen Umformgrades erforderlich. Statt (21) gilt deshalb nach Siebel [22]

$$\frac{F(\varphi)}{\pi \, r^2(\varphi)} \approx k_f(\varphi) \left\{ 1 + \frac{2 \mu \, r(\varphi)}{3h(\varphi)} \right\} \tag{26}$$

Hierin ist μ die Reibzahl. Die linke Seite von Gl.(26) wird als "Umformwiderstand" k_w (φ) bezeichnet:

$$\frac{F(\varphi)}{\pi r^2(\varphi)} = k_w(\varphi) \tag{27}$$

Aus Gl. (26) folgt, daß die Probe möglichst schlank sein sollte, damit der Reibungseinfluß gering ist. Wegen der geforderten Knick- und Biegesteifigkeit ist aber der Schlankheitsgrad beschränkt (Zahlenwerte s.Abschnitt 2.2.4.2).

2) Von einem Stauchversuch im engeren Sinne des Wortes kann nur die Rede sein, wenn die Axialspannung betragsmäßig groß ist gegen alle anderen Komponenten des Spannungstensors, d.h. dann gilt

$$|\sigma_{zz}| \gg |\sigma_{ik}| \quad ; \quad i,k = r,z,\vartheta; \quad i \neq k \tag{28}$$

Hierin ist z die Axialkoordinate, r der Radialabstand, und ϑ der Azimutwinkel in Bezug auf die Achse.
Die Aufwölbung der Probe kann soweit gehen, daß sich Teile der Mantelfläche an die Stauchbahnen anlegen.
Damit ergeben sich für die Ermittlung der Fließkurve im allgemeinen Fall folgende Probleme:

1) Es ist das Korrekturglied in Gl.(26) zu ermitteln; zu diesem Zweck muß die Reibzahl μ bekannt sein.
Eine Alternative besteht darin, durch möglichst perfekte Schmierung μ extrem klein zu machen.

2) Zur Korrektur auf die Aufwölbung der Probe ist für die Umrechnung auf einachsige Verformung die Kontur der Probe auszumessen, wobei eine zusätzliche Meßunsicherheit in das Ergebnis eingeht (s.a.Abschnitt 2.2.4.5). Zudem geht dann als Folge des dreiachsigen Spannungszustandes die Unsicherheit des Fließkriteriums in die berechnete Fließspannung ein. Nach Angaben in [23] kann beim Bruchbeginn die in Umfangsrichtung bestehende Zugspannung von gleicher Größenordnung wie die Druckspannung in Achsrichtung sein. Daher ergibt der Unter-

schied zwischen den Fließkriterien nach v.Mises und nach Tresca eine erhebliche Unsicherheit der Fließspannung.

Außerdem führt die Abweichung vom einachsigen Spannungszustand dazu, daß bei gegebener Längsdruckspannung die hydrostatische Druckspannung kleiner ist als im einachsigen Fall, wodurch das Formänderungsvermögen des Werkstoffes verringert wird [17,18].

Demnach erscheint die Reibung als Fehlerquelle erster Ordnung, die nur bei relativ niedrigen Umformgraden vernachlässigt werden kann [24]. Nach Angaben in [25] ist auf Grund der Reibung der (einstufige) Zylinderstauchversuch nur für $\varphi < 0{,}7$ anwendbar.
Diese Aussagen werden allerdings durch Ergebnisse von Stauchversuchen mit Haftreibung relativiert, s.u.

2.2.2.2 Überblick über die Ausführungsformen des Stauchversuches

Die meisten im Schrifttum beschriebenen Ausführungsformen des Stauchversuches dienen dazu, die Reibung zu unterdrücken bzw. bei der Versuchsauswertung rechnerisch zu eliminieren. Grundsätzlich lassen sich die Ausführungsformen des Stauchversuches wie folgt unterteilen

1) Unterdrücken der durch Reibung verursachen Aufwölbung der Probe (Kegelstauchversuch nach Siebel und Pomp [21,26b.28]

2) Bestimmung der Reibzahl und rechnerische Eliminierung des Korrekturgliedes in Gl.(26) (Ringstauchversuch [29], Extrapolationsverfahren [30, 31]);

3) Unterdrücken der Reibarbeit durch Haftreibung [32 bis 34];

4) Verringern der Reibarbeit durch Unterbrechen des Versuches und Abdrehen der Probe auf den anfänglichen Schlankheitsgrad (Stufenstauchversuch [1,35]), oder allgemeiner: Stauchen vorverfestigter Proben [36], s.a. Abschnitt 2.2.3.

5) Verringerung der Reibzahl durch Schmierung [33,37 bis 48],

s.a.Abschnitt 2.2.4.

6) Es besteht im Prinzip die Möglichkeit, den zweiten erwähnten Fehler beim Stauchversuch, d.h. fehlerhafte Bestimmung der Höhenabnahme der Probe zu vermeiden, indem statt der Höhenabnahme die Zunahme des Probendurchmessers gemessen wird, vgl. Abschnitt 2.2.4.5.

7) Durch Verwendung nichtzylindrischer Proben[49,50], die große Stirnflächen und eine "schlanke Taille" haben, können sowohl die Reibung wie der Fehler der Höhenabnahme unterdrückt werden, s.a. Abschnitt 2.2.5.

Völlig andersartige Bedingungen als beim Zylinderstauchversuch bestehen beim Flachstauchversuch [8,51 bis 62] auf Grund des ebenen Formänderungszustandes. Die außerordentlichen Vorteile dieses Versuches werden in Abschnitt 2.2.6 dargelegt.

Diese Aufzählung beinhaltet nicht einige selten angewandte Methoden, die in [35,48 bis 63] angegeben sind.
In den folgenden Abschnitten werden die unter 4) bis 8) genannten Verfahren etwas ausführlicher betrachtet. Zuvor sollen die Methoden 1) bis 3) kurz diskutiert werden.

1) Kegelstauchversuch
   Bei dem von Siebel und Pomp [22] vorgeschlagenen Versuch sind Probenstirnflächen und Stauchbahnen kegelig. So wird die durch Reibung verursachte Aufwölbung der Probe bei niedrigen Umformgraden ($\varphi < 0{,}4$) unterdrückt [1], aber die Reibarbeit bleibt praktisch unverändert. Bei diesen Versuchen müssen die Proben sehr genau zentrisch eingespannt werden.
2) Bestimmung der Reibzahl; Extrapolationsverfahren
   Im "Ringstauchversuch" besteht die Möglichkeit, die Reibzahl aus der Änderung des Innendurchmessers der Probe experimentell zu bestimmen. Häufig wird dieser Versuch ausschließlich zur Ermittlung der Reibzahl eingesetzt. Es besteht aber die Möglichkeit, aus dem Last-Weg-Verlauf im Ringstauchversuch die Fließkurve zu ermitteln [29]. Da bei gleichzeitiger Ermittlung der Reibzahl die Reibarbeit berechnet werden kann, läßt sich diese Korrektur

eliminieren. Ein Nachteil ist die Notwendigkeit, drei Meßgrößen (Kraft, Höhe, Durchmesser) zu erfassen.

Beim Extrapolationsverfahren nach Sachs [30] werden Proben mit unterschiedlichem Schlankheitsgrad gestaucht, und aus den Meßwerten wird durch Extrapolation auf $d/h \rightarrow 0$ die "reibungsfreie " Fließkurve berechnet. Diese Methode wurde von verschiedenen Autoren aufgegriffen, in neuerer Zeit z.B. von Sato und Takeyama [31].
Ein Nachteil dieses Verfahrens ist die Notwendigkeit, mindestens zwei Versuche mit unterschiedlichen Proben zur Ermittlung einer Fließkurve durchzuführen. Außerdem ist die Extrapolation mit einer Unsicherheit behaftet, da auf Grund der Reibung keine homogene Formänderungsverteilung vorliegt.
Bei den Verfahren zur rechnerischen Eliminierung der Reibung muß im allgemeinen Fall auch auf die Wölbung der Probe korrigiert werden, s.z.B. [64]. Deshalb erscheint es eleganter, die Reibung durch wirksame Schmierung zu unterdrücken. Wie aber das im folgenden beschriebene Stauchen mit Haftreibung zeigt, können sich u.U. die durch Reibung verursachten Fehler gegenseitig kompensieren.

3) Stauchen mit Haftreibung
Das in [32 bis 34] beschriebene Verfahren macht sich die zunächst erstaunlich wirkende Tatsache zunutze, daß für gegebenen Werkstoff und gegebene Probengeometrie die Meßkurve F (s) bei Haftreibung fast genauso verläuft wie bei guter Schmierung (für nicht zu hohe Umformgrade), vgl. Bild 8. Dies gilt in einem bestimmten Wertebereich für den Schlankheitsgrad; empfohlen wird $h_o/2r_o = 2$ [33].
Auch in [23] wurde erwähnt, daß die Meßkurven mit und ohne Schmierung für nicht zu hohe Umformgrade nahezu gleich verlaufen.
Um Haftreibung zu erhalten, werden Stauchbahnen mit konzentrischen Riefen ohne Schmiermittel verwendet. Wegen der Haftreibung ist die Reibarbeit gleich Null, aber die Aufwölbung der Probe ist stärker als bei Proben mit Gleitrei-

bung.
Die Beobachtung, daß die Meßkurven bei Haftreibung und bei Schmierung fast gleich sind, wird dadurch erklärt, daß die erwähnten Folgeerscheingungen der Reibung - erhöhter Kraftbedarf und Aufwölbung der Probe - einander in ihrer Wirkung auf die Meßkurve kompensieren: die Aufwölbung hat eine inhomogene Formänderung mit mehrachsigem Spannungszustand zur Folge, und die Außenfasern werden zugleich gestaucht und in Umfangsrichtung durch Zugspannung verformt. Dies erklärt qualitativ, daß der Kraftbedarf verringert wird.
Auf Grund dieser Erscheinung ist die Versuchsauswertung denkbar einfach: es wird die Meßkurve F(s) formal ausgewertet, als sei der Versuch reibungsfrei, d.h. mit Hilfe der Gln. (17) und (22).
Ein Mangel des Verfahrens ist der durch die Zugspannungen auf der Mantelfläche ermöglichte vorzeitige Bruchbeginn. Dennoch liefert die Methode nach [33] für $\varphi \leq 0{,}9$ bessere Ergebnisse als Stauchen mit Schmierung. Der zulässige hohe Schlankheitsgrad $h_o/2r_o = 2$ liegt über dem bei Schmierung und hat zur Folge, daß die Höhenabnahme der Probe mit einem vergleichsweise kleineren relativen Fehler gemessen werden kann.

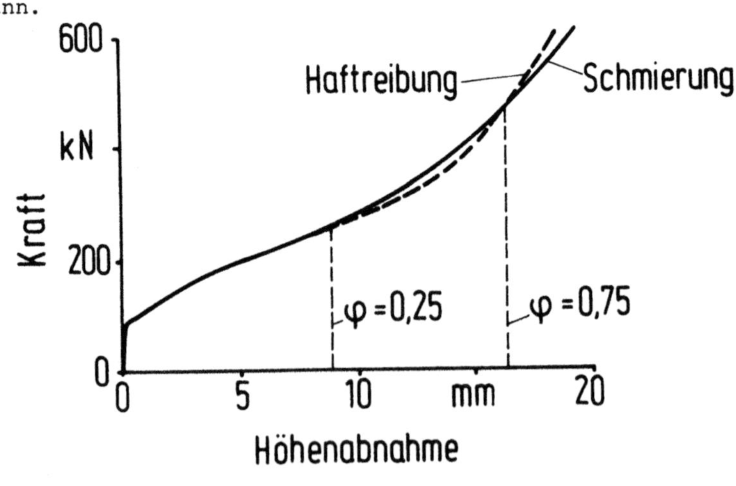

Bild 8: Meßkurven bei Stauchversuchen mit Schmierung und mit Haftreibung [32] ($h_o/2r_o$ = 3o/2o)

Für die Anwendung der Methode ist entscheidend, ob für beliebige Werkstoffe die Meßkurven bei Haftreibung und bei Schmierung bis zu hinreichend hohen Umformgraden nahezu gleich verlaufen. Diese Frage scheint bis jetzt nicht geklärt zu sein.

2.2.3 Diskontinuierlicher Stauchversuch

Im allgemeinen wird der Stauchversuch in seinen verschiedenen Ausführungsformen kontinuierlich durchgeführt, d.h. ununterbrochen zum vorgegebenen Umformgrad. Da sich hierbei die Probe erwärmt, kann die Fließspannung verfälscht werden; im Extremfall sehr hoher Umformgeschwindigkeit wird die adiabatische Fließkurve angenähert (s.a. Abschnitt 2.4). Zugleich wird mit wachsendem Umformgrad die Schmierung zunehmend schlechter, da sich die Stirnfläche der Probe vergrößert, wodurch der Schmierstofffilm dünner wird.
Aus diesem Grunde wird in manchen Fällen der Stauchversuch diskontinuierlich durchgeführt.
Zunächst wird die allgemeine Vorgehensweise beim Stauchen vorverfestigter Proben betrachtet.
Die Proben haben einen Umformgrad φ_0, der auf beliebige Weise, auch ohne Beziehung zum Stauchversuch, erzeugt wurde.
Solche Versuche sind z.B. in [36] beschrieben, wobei die Kaltverfestigung durch Vollvorwärtsfließpressen erfolgt (Bild 9), mit $\varphi_0 \approx 1{,}4$. Die Stauchproben wurden mit Schmiertaschen nach Rastegaev (vgl. Abschnitt 2.2.4) um den weiteren Betrag $\Delta\varphi \approx 1{,}1$ gestaucht.

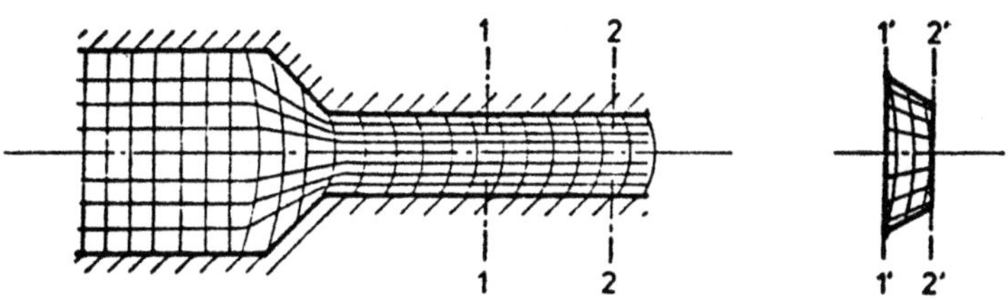

Bild 9: Herstellung von Stauchproben aus dem Schaft von Fließpreßteilen [36].

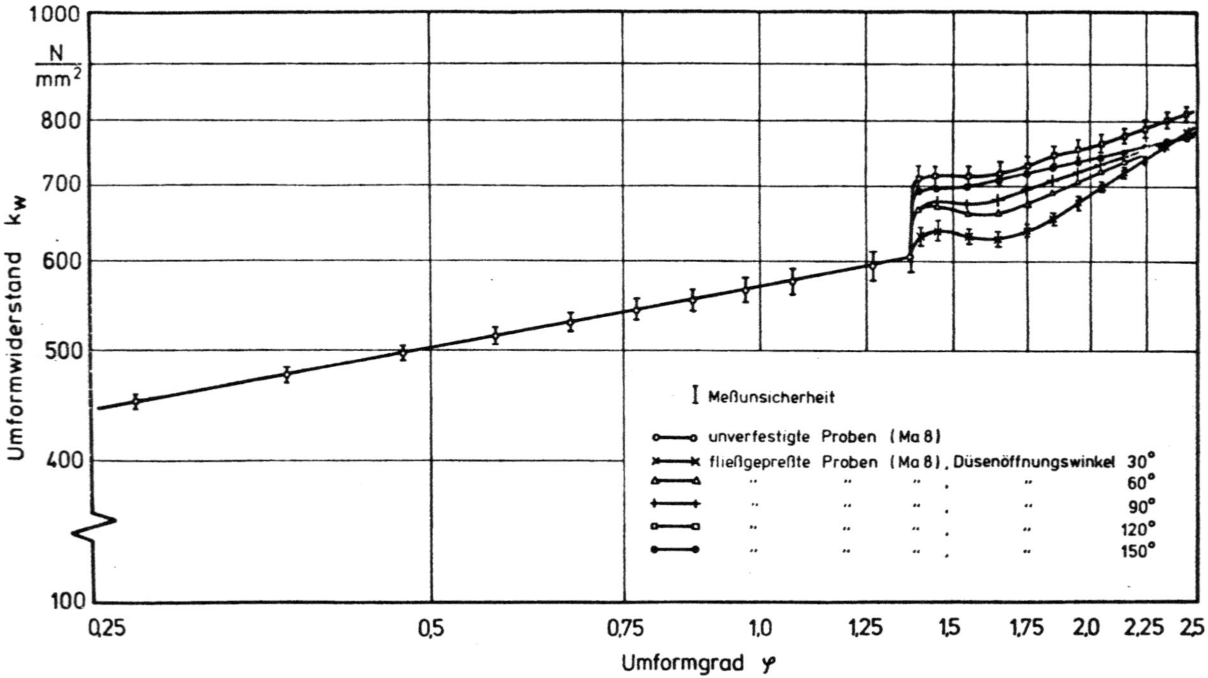

Bild 10: Umformwiderstand für Ma8 Stahl, ermittelt im Stauchversuch nach Rastegaev an unverformten und durch Fließpressen vorverfestigtem Material [36].

In Bild 10 sind auf diese Weise erhaltenen Fließkurven dargestellt. Alle Kurven machen zunächst einen Sprung. Dieser kann nicht als Bauschingereffekt erklärt werden: zwar werden die Volumenelemente beim Fließpressen zunächst gelängt und beim anschließenden Stauchen verkürzt, sodaß eine Richtungsumkehr erfolgt. Der Bauschingereffekt würde sich aber als Erniedrigung der Streckgrenze äußern, während in Bild 1o eine Erhöhung zu sehen ist. Diese Erhöhung ist umso größer, je größer der Schulteröffnungswinkel beim Fließpressen war. Eine mögliche Deutung ist die beim Fließpressen erfolgende Querschnittsverwölbung, die von Eigenspannungen 1.Art begleitet ist. Unter der einen Stirnfläche der Probe sind konkav verwölbte Querschnitte, unter der anderen konvexe (Bild 9). Dies erklärt qualitativ die beobachtete Unsymmetrie.

Aus den beschriebenen Ergebnissen ist zu folgern, daß die Vorverfestigung am besten durch homogene Stauchung erfolgt, so daß die nachfolgende Verformung keine Richtungsumkehr bedeutet.
Demnach ist der "Stufenstauchversuch" [1,35] der Verwendung von Stauchproben aus fließgepreßtem Material vorzuziehen. Beim Stufenstauchversuch wird die erste Stauchstufe nach einem Umformgrad φ_1 beendet, um die Probe wieder auf den anfänglichen Schlankheitsgrad abzudrehen (nach [35] soll $\varphi_1 \approx 0,25$ betragen; in der Praxis sind jedoch auch erheblich höhere Werte üblich), bevor der Versuch fortgesetzt wird.
Der Stufenstauchversuch hat folgende Vorteile:

1) Die Stauchkraft ist bei hohen Umformgraden wesentlich kleiner als im einstufigen Versuch, so daß die elastische Verformung der Stauchbahnen weniger stört;
2) Das Abdrehen auf den anfänglichen Schlankheitsgrad bewirkt, daß die Reibungskorrektur in Gl.(26) kleiner ist als im einstufigen Versuch;
3) Die Probe kann während der Unterbrechung des Versuches die Umformwärme abgeben, so daß die ermittelte Fließkurve der isothermischen Fließkurve näherkommt als im einstufigen Versuch bei gleicher Umformgeschwindigkeit;
4) Die Wölbung der Probe wird durch das Abdrehen vorübergehend

beseitigt.
Der entscheidende Nachteil des Versuches ist neben dem großen Aufwand die Fehlermöglichkeit durch Nullpunktsfehler in der zweiten Stauchstufe sowie durch eine Alterung des Werkstoffes während der Unterbrechung.

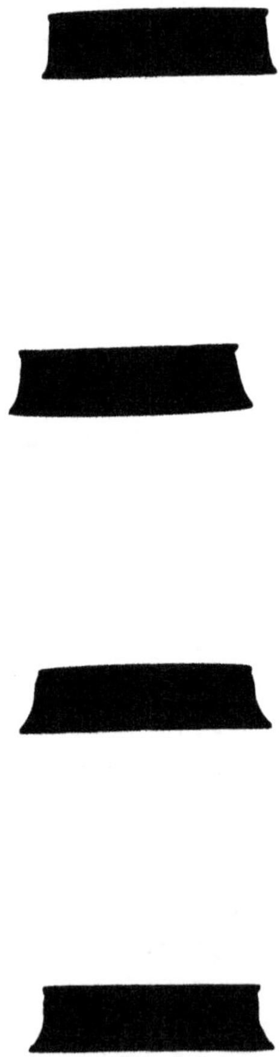

Bild 11: Stauchproben aus vollvorwärtsfließgepreßtem Material ($\varphi_0 \approx 1,4$), gestaucht um $\Delta\varphi \approx 1,1$ [36]

2.2.4 Rastegaev-Versuch

2.2.4.1 Zylinderstauchversuch mit konventioneller Schmierung

Im Prinzip bestehen mehrere grundsätzlich verschiedene Möglichkeiten, die Reibverhältnisse beim Zylinderstauchversuch zu beeinflussen:

1) durch Verwendung rauher Stauchbahnen wird, wie in Abschnitt 2.2.2.2 beschrieben, Haftreibung verursacht. Dies ist die neueste und bis jetzt vergleichsweise am wenigsten untersuchte Variante unter den beobachteten Verfahren;

2) durch Schmierung wird die Reibzahl herabgesetzt. Dies ist die älteste und am häufigsten praktizierte Vorgehensweise;

3) im Stauchversuch nach Rastegaev [39] wird der Schmierstofffilm durch einen Wulst am radialen Abfließen gehindert. Dies führt zur Ausbildung von Radialkräften, durch welche die Aufwölbung der Probe - zusächlich zur Herabsetzung der Reibzahl - unterdrückt wird.

Die Betrachtung des Rastegaev-Versuches - Variante 3) - bildet einen Schwerpunkt der vorliegenden Untersuchung. Es erscheint aber notwendig, zuvor den Stauchversuch mit konventioneller Schmierung - Variante 2) - zu betrachten, da der Rastegaev-Versuch gewissermaßen eine Weiterentwicklung dieser Methode ist.
Zum Erzielen einer optimalen Schmierung wird in [33] empfohlen, polierte Stauchbahnen mit Teflonspray zu beschichten. Als Schmierstoff eignet sich z.B. MoS_2-Paste [65]. Dagegen ist es nicht immer empfehlenswert, zum Zweck der Schmierung Teflon-Folie zwischen die Probe und die Stauchbahnen zu legen [66].

Durch Schmierung wird die Reibung unterdrückt, aber nicht völlig beseitigt. Mit zunehmendem Stauchgrad nimmt die Reibung aus zwei Gründen zu: einmal nimmt der Schlankheitsgrad der Probe ab, so daß das Korrekturglied in Gl.(26) anwächst, zum anderen wird durch Vergößerung des Probenquerschnittes die Schmierstoffschicht dünner.

Da in vielen Fällen der Schmierstoff an den Rändern der Probe abfließt, so daß es dort zu metallischem Kontakt kommt x) [37], wird auch empfohlen, die Stirnflächen der Proben mit konzentrischen Riefen zu versehen [27,33].
Eine umfassende theoretische Untersuchung der Reibung ist im Stauchversuch von Bishop [62] durchgeführt. Demnach gilt Gl.(26) i.allg. nur als Näherung. Bei der Auswertung der Versuche muß neben der Erhöhung des Umformwiderstandes durch den Beitrag der Reibarbeit auch berücksichtigt werden, daß die Probe aufwölbt. Die Korrektur hierfür macht u.U. das Ausmessen der Probenkontur erforderlich [64]; Näheres dazu s.Abschnitt 2.2.4.5. Nach Angaben in [24,27,33,34] erscheint aber die Notwendigkeit solcher Messungen fraglich, denn möglicherweise kompensieren sich die Zunahme der Stauchkraft durch Reibarbeit und die Verringerung der Stauchkraft infolge Aufwölbung der Probe, so daß formal wie bei einem reibungsfreien Versuch ausgewertet werden kann.

2.2.4.2 Prinzip des Rastegaev-Versuches

Beim Versuch nach Rastegaev [38 bis 48] wird durch Wulste an den Rändern der Stirnflächen der Probe das Abfließen des Schmierstoffes verhindert. Als Schmierstoff wird in diesem Fall (bei Raumtemperatur) z.B. Paraffin verwendet. In Bild 12 ist eine Rastegaev-Probe dargestellt.

Bei Versuchen mit Rastegaev-Proben bildet sich auf den Stirnflächen unter dem Schmierstoffilm eine "Orangenhaut", was auf freie Umformung hinweist, s.a. Bild 13. Die Proben behalten bis zu relativ hohen Umformgraden zylindrische Gestalt, siehe Bild 14 . Demnach erfolgt eine einachsige, homogene Formänderung. Dies wird bestätigt durch die an gestauchten und aufgesägten Proben gemessene Härteverteilung, vgl. Bild 15, sowie durch den in [42] untersuchten Verlauf von Seigerungslinien in gestauchten Proben.

---

x) Hieraus resultiert ein Größeneinfluß, vgl. Abschnitt 6.2.2.2.

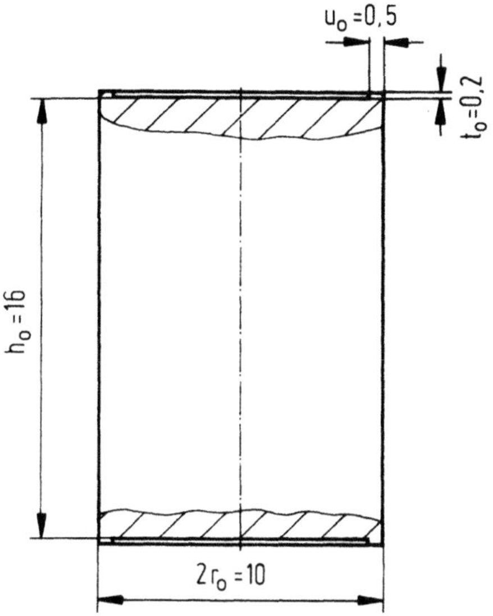

Bild 12: Stauchprobe nach Rastegaev [39].

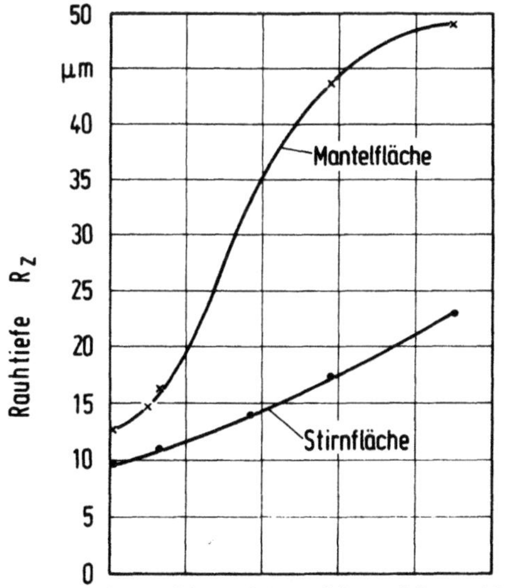

Bild 13: Zunahme der Rauheit auf der Oberfläche einer Rastegaev-Probe während des Stauchvorganges [66].

Bild 14: Stauchproben (h_o = 16 mm, r_o = 5 mm) ohne und mit Schmiertaschen nach Rastegaev:
a) ungestaucht, b) ohne Schmierung, $\varphi \approx$ 0,7,
c) Rastegaev-Probe, $\varphi \approx$ 1,3 [41].

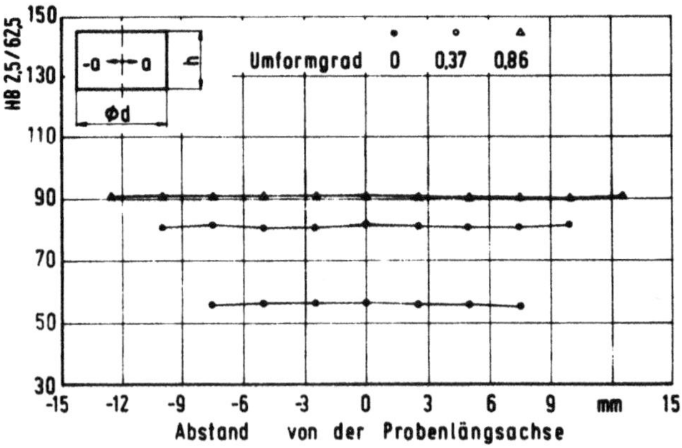

Bild 15: Verteilung der Brinell-Härte über den Querschnitt gestauchter und aufgesägter Rastegaev-Proben [66].

2.2.4.3 Optimale Geometrie von Rastegaev-Proben

Zunächst wird der zulässige Schlankheitsgrad betrachtet [x)]. Dieser darf bei Rastegaev-Proben nicht so hoch sein wie bei Proben mit herkömmlicher Schmierung. Nach eigenen Beobachtungen sollte der maximale Schlankheitsgrad von Rastegaev-Proben Eins betragen, während für herkömmliche Schmierung häufig 3/2 angenommen wird. Damit ergibt sich für den zulässigen Schlankheitsgrad in Abhängigkeit vom Reibzustand:

$$h_o/2r_o \leq \begin{cases} 2 & \text{für Haftreibung} \\ 3/2 & \text{für herkömmliche Schmierung} \\ 1 & \text{für Rastegaev-Schmierung} \end{cases} \quad (29)$$

(die Probenform in Bild 12 hat zumindest für manche Werkstoffe einen zu hohen Schlankheitsgrad).
Die Werte in (29) stellen grobe Richtwerte dar. Strenggenommen ist der zulässige Schlankheitsgrad abhängig vom Werkstoff; für den Fall des Rastegaev-Versuches finden sich quantitative Angaben in [47].

Nun werden die Abmessungen der Wulste an den Stirnflächen der Rastegaev-Probe betrachtet (t_o und u_o in Bild 12). Diese Abmessungen haben entscheidenden Einfluß auf die Reibverhältnisse. Nach [44] wird für Rastegaev-Proben der Zusammenhang zwischen Fließspannung und Umformwiderstand beschrieben durch die Beziehung

$$k_f(\varphi) \approx k_w(\varphi) \left\{1 - \frac{2}{3h(\varphi)} \left[\varkappa r(\varphi) + 3\mu\, u(\varphi)\right]\right\}^{-1} \quad (30)$$

Hierin ist $\varkappa$ die Reibzahl mit Schmierstoff, μ die Reibzahl für Festkörperreibung und $u(\varphi)$ ist die Breite des Wulstes beim Umformgrad φ, mit $u(o) = u_o$.

---

x) In bestehenden Normen für den Zylinderstauchversuch, wie DIN 50106 oder ASTM E 9-77, ist der Schlankheitsgrad nicht streng festgelegt, sondern kann in einem weiten Bereich frei gewählt werden. In VDI B 3200 sowie im Stahleisen-Prüfblatt P 1123 wird für den Stauchversuch mit herkömmlicher Schmierung $h_o/2r_o \leq 1{,}5$ bis 2 empfohlen.

Für eine grobe Abschätzung des Korrekturgliedes auf der rechten Seite von Gl.(30)werden für die Reibzahlen die folgenden Werte angenommen:

$$\varkappa = 0{,}05 \pm 0{,}01 \quad (31)$$

$$\mu = 0{,}20 \pm 0{,}05 \quad (32)$$

Es folgt für den in Bild 12 gezeigten Probentyp, daß das Korrekturglied in Gl.(30) beim Versuchsbeginn etwa 2,5% beträgt.
Diese Größenordnung wird qualitativ bestätigt durch in [41] beschriebene Versuche. Es wurden Rastegaev-Proben aus dem gleichen Werkstoff mit unterschiedlichem Schlankheitsgrad gestaucht (h_o = 10 mm und 16 mm, r_o = 5 mm). Es ergab sich in den Fehlergrenzen für beide Probentypten der gleiche Umformwiderstand, vgl. Bild 16. Dies erklärt sich aus der Kleinheit des Korrekturgliedes in Gl.(30) für die verwendeten Proben. Selbst wenn angenommen wird, daß die Breite u (φ) des Wulstes wie der Probenradius während des Versuches proportional zu $e^{\varphi/2}$ zunimmt, vgl. Gl.(17), so daß das Korrekturglied in (30) proportional zu $e^{3\varphi/2}$ wächst, ergibt sich z.B. für $\varphi \approx$ 0,7 bei einer Anfangshöhe h_o = 10 mm etwa 10 % und für h_o = 16 mm etwa 6 %; die Differenz von etwa 4 % ist kaum experimentell nachzuweisen.
Dennoch wäre es zu grob, das Korrekturglied generell zu vernachlässigen.

Im Vergleich zu einer ungeschmierten Probe ist für Rastegaev-Proben das betrachtete Korrekturglied etwa halb so groß (dies ist leicht zu sehen, wenn in Gl.(30) u (φ) = o gesetzt wird); demnach wird durch Rastegaev-Schmierung der Beitrag der Reibung nur auf etwa die Hälfte reduziert. Bei konventioneller Schmierung wird für den Versuchsbeginn die Reibung wirkungsvoller unterdrückt, jedoch wegen des Abreißens des Schmierstoffilms nur für niedrige Umformgrade.
Die entscheidenden Vorteile des Rastegaev-Versuches bestehen darin, daß

1) die Schmierung auch bei hohen Umformgraden wirksam bleibt, und

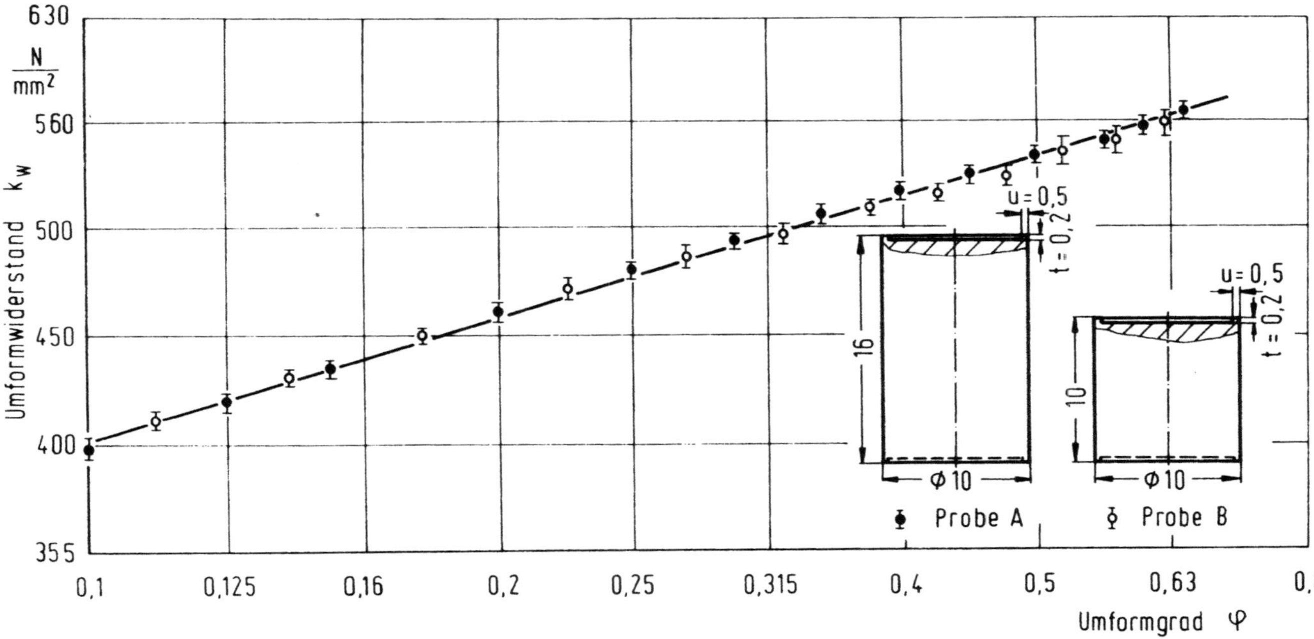

Bild 16: Umformwiderstand von Ma8-Stahl im Stauchversuch nach Rastegaev als Funktion des Umformgrades [41].

2) die Probenform bis zu relativ hohen Umformgraden nahezu zylindrisch bleibt (z.T. auch deshalb, weil der Schmierstoff radiale Druckkräfte auf den Wulst ausübt, wodurch ein Aufbauchen der Probe verhindert wird, in gewisser Analogie zum Kegelstauchversuch). Voraussetzung ist, daß die Abmessungen t_o und u_o der Wulste passend gewählt sind, s.u.

Es sei darauf hingewiesen, daß beim Rastegaev-Versuch <u>nicht</u> wie bei Haftreibung und bei konventioneller Schmierung die Effekte der Reibung sich in ihrer Auswirkung auf den Umformwiderstand gegenseitig kompensieren; d.h. der Umformwiderstand ist höher als die Fließspannung, was durch Gl.(30) ausgedrückt wird. Zur Ermittlung der Fließspannung ist das Korrekturglied in Gl.(30) rechnerisch zu eliminieren.

Im Schrifttum finden sich unterschiedliche Angaben über die Abmessungen u_o und t_o der Wulste. Rastegaev [38] verwendete Proben, die bei einer Höhe $h_o = 2r_o = 20$ mm eine Wulsthöhe $t_o = 0{,}2...0{,}3$ mm hatten. Suyarov und Benyakowski [44] bezogen die Wulstabmessungen auf die Gesamtmaße der Probe gemäß $t_o = u_o = 0{,}03\ r_o$. Chang und Shü [43] verwendeten Proben mit $t_o = 0{,}05$ mm, $u_o = 3$ mm, und Mezis [45], $t_o = 0{,}6$ mm, $u_o = 1{,}7$mm. Demgegenüber gibt Turno [39] an: $t_o/u_o = 0{,}4$ mm; $u_o = 0{,}07\ r_o$. Nach Latocha und Rafalski [46] sollen die Wulstabmessungen aus der Bedingung für das Gleichgewicht der auf den Wulst ausgeübten Radialkräfte berechnet werden. Die Radialkräfte ergeben sich einerseits aus der Reibung, andererseits aus dem im Schmierstoff bestehenden hydrostatischen Druck. Demnach sollte eigentlich sein

$$\frac{t\,(\varphi)}{u\,(\varphi)} = \mu \quad \text{für alle } \varphi \tag{33}$$

Hierin ist μ die Reibzahl für Festkörperreibung. Wenn Gl. (33) erfüllt ist, wird der Wulst genau im gleichen Maße wie der Gesamtprobekörper gestaucht, so daß der Wulst weder in radialer Richtung nach außen voreilt, noch hinter der radialen
tung der Probe zurückbleibt; dann bleibt die Probe exakt zylindrisch. Dies ist aber illusorisch, denn es führt auf einen Widerspruch: wenn nämlich der Wulst proportional zum Proben-

körper gestaucht wird, gilt - vgl. (19) -

$$\frac{t\ (\varphi)}{u\ (\varphi)} = \frac{t_o}{u_o}\, e^{-3\varphi/2} \tag{34}$$

Daher kann die Bedingung (33) nur für einen singulären Umformgrad erfüllt werden; danach überwiegen die Reibschubkräfte die Druckspannungen, welche der Schmierstoff ausübt. Folglich wird der Wulst hinter der Ausbreitung der Probe zurückblciben, und die Probe wölbt allmählich auf.
Um dies hin zu höheren Umformgraden hinauszuschieben, soll bei Versuchsbeginn gelten

$$\frac{t_o}{u_o} > \mu \tag{35}$$

Bei den eigenen Versuchen erfüllten die Wulstabmessungen ähnlich wie in [39] die Bedingung (vgl. Bild 12):

$$\frac{t_o}{u_o} = 0{,}4 \tag{36}$$

Wenn für die Reibzahl Gl.(32) gilt, kann statt (36) auch geschrieben werden

$$\frac{t_o}{u_o} \approx 2\ \mu \tag{37}$$

Daher überwiegen bei Versuchsbeginn zunächst die vom Schmierstoff auf den Wulst ausgeübten Druckkräfte, und der Wulst wird nach außen gedrückt, vgl. Bild 14 und 17 (nach [67] soll sogar bei konventioneller Schmierung der Fall vorkommen, daß die Stauchprobe konkav aufwölbt, wenn der Schmierstoff "zu flüssig" ist; auch dafür muß aber das Auftreten radialer Druckkräfte zur Erklärung herangezogen werden, d.h. eine merkliche Rauheit der Probenstirnflächen wirkt sich möglicherweise ähnlich aus wie die Wulste bei den Rastegaev-Proben).
Da der Ring nach außen ausweichen kann, wird er nicht im gleichen Maße gestaucht wie der Probenkörper; es wurde vielmehr beobachtet, daß die Breite des Wulstes nahezu unverändert den Anfangswert beibehielt. Zweckmäßiger dürfte es sein, die

Wulstabmessungen so zu wählen, daß der Wulst wenigstens in gewissem Maße mit dem Probekörper mitgestaucht wird.
Krokha [40,47] zeigte, daß es ein optimales t_o/u_o - Verhältnis gibt, für welches die Probe bis zu einem maximalen Umformgrad zylindrisch bleibt. Auf Grund der Versuchsergebnisse von Krokha soll gelten

$$\frac{t_o}{u_o} \approx 0{,}4 \text{ für Stahl} \tag{38}$$

(diese Bedingung wird durch die Proben in Bild 12 erfüllt), und

$$\frac{t_o}{u_o} \approx 0{,}6 \text{ für Kupfer} \tag{39}$$

Damit sind die Absolutwerte von t_o und u_o aber noch frei wählbar. Für deren optimale Festlegung gelten folgende Überlegungen.

1) Je kleiner die Wulstbreite u_o ist - bei gegebenem t_o/u_o - Verhältnis - desto schwächer wirkt sich eine Abweichung vom optimalen t_o/u_o - Verhältnis auf die Reibverhältnisse aus;

2) Die Wulsthöhe t_o soll weder zu klein sein, damit der Schmierstoffilm nicht versagt, noch zu groß, da sonst die Meßunsicherheit der Höhenabnahme zu groß wird, s.u.

Krokha [47] ermittelte durch Versuche als Optimalwert für die Wulstbreite

$$u_o = 0{,}45 \ldots 0{,}6 \text{ mm für } r_o \approx 4 \ldots 10 \text{ mm} \tag{40}$$

Damit und mit (38) bzw. (39) ist auch t_o festgelegt.
Da die optimalen Werte für t_o und u_o auch von der Oberflächenbeschaffenheit der Stauchbahn abhängen, ist eine Verallgemeinerung der angegebenen Werte fragwürdig.

Abschließend sei bemerkt, daß es keinen Sinn hat, extrem genaue Werte für die Wulstabmessungen vorzuschreiben, weil dies im Zusammenhang mit der Fertigungstoleranz bei der Probenherstellung problematisch ist. Im übrigen bietet eine in Abschnitt 2.2.4.5 vorgeschlagene Modifizierung des Rastegaev-Versuches die Möglichkeit, bei der Festlegung der Wulstabmessungen einen größeren Spielraum zu bekommen: wird nämlich statt der Höhenabnahme der Probe die Durchmesserzunahme gemessen, so können die Wulstabmessungen ausschließlich unter dem Gesichtspunkt der Reibung optimiert werden. Wird dagegen, wie bisher allgemein üblich, die Höhenabnahme gemessen, so sollte die Wulsthöhe t_o möglichst klein sein, damit die im folgenden Abschnitt betrachtete Meßunsicherheit der Höhenabnahme klein ist.

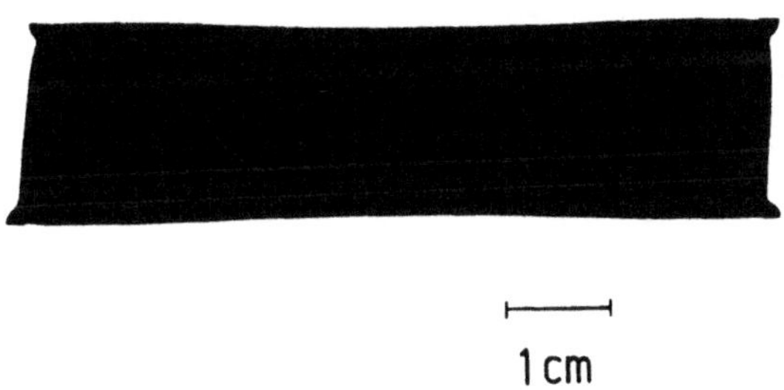

Bild 17: Rastegaev-Probe (Stahl), h_o = 64 mm, r_o = 20 mm, gestaucht bis $\varphi \approx$ 1,2 [50].

2.2.4.4 Fehler beim Rastegaev-Versuch

Leider geht beim Rastegaev-Versuch die gute Schmierung auf Kosten der Genauigkeit, mit welcher die Höhenabnahme der Probe ermittelt wird, denn einerseits wird die Meßkurve durch das Umbiegen der Wulste verzerrt, andererseits bleiben die Stirnflächen der Probe unter dem Schmierstoffilm nicht eben, vgl. Bild 17[x)]. Daher ist der Fehler der Höhenabnahme größer als bei allen anderen Ausführungsformen des Stauchversuches.

Aus dem Fehler der Höhenabnahme resultieren sowohl Fehler für den Umformgrad wie auch für die berechnete Fließspannung [34, 68]. Es kann gezeigt werden, daß sich bei hohen Umformgraden der Fehler der Fließspannung stark auswirkt, während der Fehler des Umformgrades vergleichsweise klein ist.
In den Fehler der Fließspannung geht auch die Unsicherheit der Reibungskorrektur ein; demgegenüber kann der Meßfehler der Kraft oft vernachlässigt werden.

Nun wird der Fehler der Höhenabnahme genauer betrachtet. Als grobe Abschätzung für höhere Umformgrade ($\varphi \approx 1$) wird angenommen, daß die Fehlergrenze des Stauchweges (Fehlergrenze nach DIN 1319) gegeben ist durch

$$G_s \approx t_o \qquad (41)$$

worin t_o die Anfangshöhe des Wulstes ist (zu dem Fehler G_s trägt jede Stirnfläche $t_o/2$ bei).
Wenn die Wulstabmessungen der Bedingung (38) für Stahl genügen, entspricht Gl.(41) gerade

$$G_s \approx 0{,}4\ u_o \qquad (42)$$

Eine grobe Abschätzung ergab für den in Bild 12 gezeigten Probentyp, daß der aus G_s resultierende Fehler G_{k_f}/k_f der Fließspannung für $\varphi \approx 1$ etwa 3 % beträgt. Da der Fehler mit wachsendem Umformgrad exponentiell zunimmt [60], wäre in diesem Fall eine Fortsetzung des Stauchversuches zu höheren Umformgraden

---

[x)] Die in der Mitte der Stirnfläche in Bild 17 sichtbare Vertiefung kann durch zwei Ursachen erklärt werden. Einerseits werden am Rand der Stirnflächen die Wulste nach außen gedrückt, wodurch etwas Schmierstoff radial abfließen kann, so daß fort die Schmierstoffschicht dünner wird. Andererseits hat der Schmierstoff eine endliche Viskosität, so daß die in ihm erfolgende innere Reibung dazu führt, daß die Axialspannung in der Probenachse ein (schwaches) Minimum hat.

kaum noch sinnvoll, selbst wenn das Formänderungsvermögen des Werkstoffes dies zuließe.
Da der Schlankheitsgrad von Rastegaev-Proben begrenzt ist - vgl. (29) -, kann der betrachtete Fehler nicht durch Verwendung schlankerer Proben unterdrückt werden. In diesem Zusammenhang sei jedoch betont, daß auch beim Stauchversuch mit konventioneller Schmierung oder mit Haftreibung die Unsicherheit der ermittelten Fließkurve mit wachsendem Umformgrad zunimmt.

Um die Vorteile der Schmierung nach Rastegaev mit einer genaueren Wegmessung zu vereinen, wurde in [42] vorgeschlagen, die Form der Schmiertaschen abzuwandeln, indem flache kegelförmige Ausdrehungen zur Aufnahme des Schmiermittels dienen. Dadurch werden die Fehler vermieden, die sich bei Rastegaev-Proben aus dem Umbiegen der Wulste ergeben.
Hierbei besteht aber die Gefahr, daß der Schmierstoffilm am Rand versagt. Ein endgültiges Urteil über die Möglichkeit andersartig geformter Schmiertaschen scheint aber verfrüht.

Weitere Angaben zum Fehler beim Rastegaev-Versuch finden sich in Abschnitt 2.2.7.

2.2.4.5 Rastegaev-Versuch mit Messung der Durchmesserzunahme

Zunächst wird die Messung der Durchmesserzunahme beim Zylinderstauchversuch mit herkömmlicher Schmierung betrachtet. Diese Messung ist z.B. beim Stauchversuch nach Reicherter [64] erforderlich, da hierbei auf die Wölbung der Probe korrigiert werden muß. In diesem Fall wird aber die Durchmesserzunahme nur zur Ermittlung einer Korrektur verwendet. Die Fließspannung wird anstatt mit Gl.(26) berechnet mit Hilfe der Beziehung

$$k_f \approx \frac{F}{\pi r_{max}^2 \left\{ 1 - \frac{r_{max}}{4\varrho} + \frac{\mu}{3} \left(\frac{2r_{max} - h}{h} \right) \right\}}; \quad 2r_{max} > h; \qquad (43)$$

Hierin ist r_{max} der maximale Probenradius, der wegen des Aufbauchens in der Mittelebene der Probe liegt, und ϱ ist der Radius der Konturlinie ($\varrho = \infty$ für exakte Zylinderform). Sowohl r_{max} als auch ϱ sind vom Umformgrad abhängig und müssen neben der Kraft F und der Höhe h während des Versuches gemessen werden, so daß insgesamt vier Meßgrößen zur Ermittlung der Fließspannung erforderlich sind (Gl.(43) gilt für $2r_{max}>h$; andernfalls, d.h. bei entsprechend höherem Schlankheitsgrad der Probe, wird das zweite Korrekturglied im Nenner von (43) gleich Null gesetzt). Ein Mangel der Fließkurvenermittlung nach Gl.(43) besteht darin, daß neben den Fehlern der vier Meßgrößen auch noch der Fehler der angenommenen Reibzahl μ in das Ergebnis eingeht.
Von Saluja et al. [69] wurde eine einfachere Vorgehensweise beschrieben. Dabei ist eine Messung der Höhe unnötig, denn es wird ausgewertet nach der Beziehung

$$k_f \approx \frac{F}{2\pi r_{max}\varrho\left\{1-\frac{r_{max}}{2\varrho}\right\}\ln\left\{1-\frac{r_{max}}{2\varrho}\right\}}; \quad \varrho > r_{max}; \qquad (44)$$

In diesem Fall sind also nur noch drei Meßgrößen zu erfassen, wobei der Radius r_{max} nicht nur zur Ermittlung einer Korrektur, sondern - zusammen mit dem Konturradius - zur Berechnung der Fließspannung selbst herangezogen wird. Zugleich wird die Tatsache ausgenutzt, daß die Reibzahl implizit in dem gemessenen Konturradius enthalten ist, so daß eine explizite Berücksichtigung der Reibzahl unnötig ist. Diese Vorgehensweise ist der von Reicherter gewiß vorzuziehen, aber die Ermittlung des Konturradius stellt immer noch eine wesentliche Fehlerquelle dar.

Daher erscheint es eleganter, bei Stauchversuchen mit Messung der Durchmesserzunahme die Schmierung nach Rastegaev durchzuführen, da in diesem Fall die Proben zylindrisch bleiben.Dann genügt es, neben der Kraft den Durchmesser zu messen. Diese Vorgehensweise scheint bisher noch nicht praktisch erprobt worden zu sein. Bei einer Messung der Durchmesserzunahme ist zwar im allgemeinen Fall zu erwarten, daß der Probenwerkstoff eine Textur hat, so daß der Probenquerschnitt nicht streng

kreisförmig bleibt, demnach wird es nötig sein, den Durchmesser in verschiedenen Richtungen zu messen. Dies bietet aber zugleich die Chance, eine Information über die Anisotropie des Werkstoffes zu erhalten; möglicherweise kann auf diese Weise sogar die Fließortkurve ermittelt werden.
Wie bereits erwähnt, kann bei einer Messung der Durchmesserzunahme die Wulstgeometrie ausschließlich unter dem Gesichtspunkt der Minimierung der Reibung festgelegt werden, dann ist möglicherweise die Reibungskorrektur merklich kleiner als bei Rastegaev-Versuchen mit Messung der Höhenabnahme (s.a. Abschnitt 2.2.7).

2.2.5 Stauchen nichtzylindrischer Proben

Dieses Verfahren wurde im Rahmen eines Forschungsvorhabens der DFG am Institut für Umformtechnik untersucht [50,66], aber es wurde auch schon früher in [49] beschrieben.
Das Verfahren besteht darin, Proben mit über die Höhe veränderlichem Querschnitt, d.h. mit großen Stirnflächen, aber kleinem Querschnitt in der Mittelebene zu verwenden, vgl. Bild 18 und 19. Damit werden die wichtigsten Fehler - Reibung und Auswirkung einer fehlerhaften Stauchmessung - auf rein geometrischem Wege unterdrückt. Darüberhinaus spricht für diese Probenform, daß geometrische Bedingungen grundsätzlich besser reproduzierbar sind als tribologische. Von allen Modifizierungen des Stauchversuches ist diese die einzige, bei der die Oberflächeneigenschaften der Proben beliebig sind und keinen Einfluß auf das Ergebnis haben.

Bei Versuchen und theoretischen Berechnungen mit den neuartigen Proben traten allerdings erhebliche Schwierigkeiten auf, vor allem im Zusammenhang mit der Ausbildung eines mehrachsigen Spannungs- und Formänderungszustandes. Das Verfahren ist in Bezug auf Probenherstellung und Versuchsauswertung äußerst aufwendig. Eine für die Praxis interessante Anwendungsmöglichkeit ist, wenn überhaupt, am ehesten bei Warmstauchversuchen zu erwarten; dies setzt aber noch weitergehende Vorarbeiten voraus.

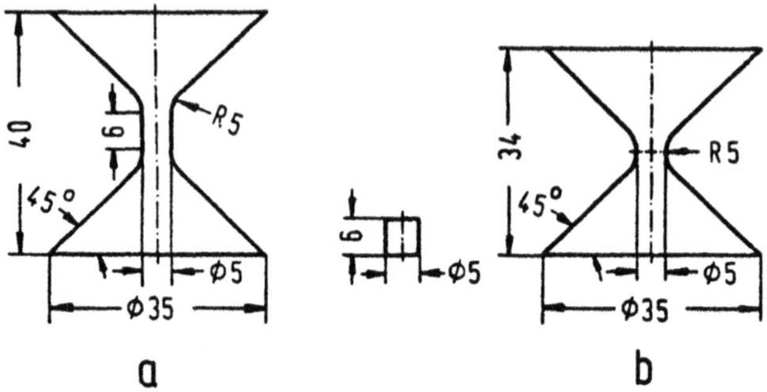

Bild 18: Nichtzylindrische Stauchproben [49] (Maße in mm).

Bild 19: Stauchproben aus Bild 18: Typ b) ungestaucht und gestaucht, Typ a) gestaucht (der mittlere Umformgrad in der Mittelebene beträgt etwa 1,5) [49].

2.2.6 Flachstauchversuch

Der Flachstauchversuch wurde erstmals von Nadai [15] vorgeschlagen. Nach Watts und Ford [52] muß zur Gewährleistung ebener Formänderung die Bedingung erfüllt sein

$$b/h > 6 \tag{45}$$

(nach [59] sollte sogar $b/h > 10$ sein).

Die englische Bezeichnung "plane strain upsetting test" ist zutreffender als das Wort "Flachstauchversuch", durch welches der unzutreffende Eindruck suggeriert wird, als sei stets $a \gg h$, oder als kämen nur Blechproben in Betracht (in [8], [59] war bei Versuchsbeginn $h(o) = a$).

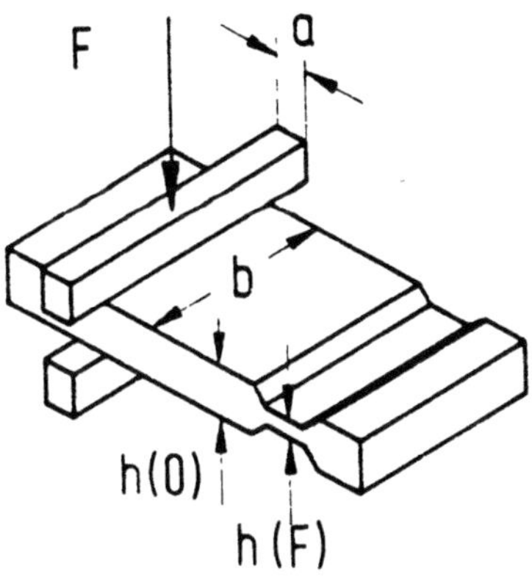

Bild 20: Schema des Flachstauchversuches (Ober- und Unterstempel haben die gleichen Abmessungen und stehen genau mittig übereinander).

Wichtige Merkmale des Flachstauchversuches sind:

1) Der Vergleichsumformgrad nach Tresca wird beim Zylinderstauchversuch nach (17) berechnet (s.a. Abschnitt 6.2.1).

2) Die belastete Fläche bleibt während der Verformung konstant. Es gilt x)

$$k_f\ (F) \approx \frac{F}{a\ b} \tag{46}$$

Da somit die gemessene Höhenabnahme nicht in die berechnete Fließspannung eingeht, wirkt sich ein Meßfehler der Höhenabnahme viel schwächer auf die ermittelte Fließkurve aus als beim Zylinderstauchversuch, s.a. Abschnitt 2.2.7.

3) Da die belastete Fläche während des Versuches konstant bleibt, steigt die Stauchkraft mit wachsendem Umformgrad nicht annähernd so steil wie beim Zylinderstauchversuch. Daher ist der Fehler infolge elastischer Verformung der Stempel vergleichsweise klein.

4) Durch den Einfluß der starren Werkstoffvolumina außerhalb des Wirkungsbereiches der Stauchbahnen erfolgt eine Fließbehinderung, die eine scheinbare Erhöhung der ermittelten Fließspannung ergibt [55]. Um diese Störung zu verringern, wurden in [59] Proben verwendet, die bei Versuchsbeginn überhaupt nicht über die Werkzeugbegrenzung hinausragten.

5) Der Einfluß der Reibung im Flachstauchversuch ist bis jetzt nicht so systematisch untersucht worden wie beim Zylinderstauchversuch. Zwar wird in [8] über Versuchsergebnisse berichtet, denen zufolge die Reibung im Vergleich zum Zylinderstauchversuch weniger stört. Es wurde aber bis jetzt z.B. noch nicht über Flachstauchversuche mit Haftreibung berichtet.

---

x) In Gl.(45) sind Korrekturen vernachlässigt. So ergibt (45) nach der Gleitlinientheorie [53] einen Wert für die Fließspannung, der in Abhängigkeit vom Umformgrad um bis zu 4 % zu niedrig ist (für $h \leq a$), zudem ist in (45) die Reibung vernachlässigt.

Plausibel ist die folgende Überlegung.
Die Wirkung der Reibung auf die Meßkurve F (s) beim Flachstauchversuch unterscheidet sich aus zwei Gründen von der beim Zylinderstauchversuch:

- das Verhältnis der Reibfläche zum plastischen Volumen wächst mit steigendem Umformgrad schwächer als beim Zylinderstauchversuch;
- die Querschnittsverwölbung wird durch das starre Probenvolumen außerhalb des Wirkungsbereiches der Stempel behindert.

Der erste Grund verringert die Wirkung der Reibung im Vergleich zum Zylinderstauchversuch, der zweite erhöht sie.

Untersuchungen des Reibungseinflusses beim Flachstauchversuch wurden von Hill [54] und in [61, 62] durchgeführt. Insgesamt liegen aber für den Flachstauchversuch bei weitem nicht so umfangreiche Ergebnisse vor wie für den Zylinderstauchversuch, so daß der Einfluß der Reibung nicht so genau beurteilt werden kann.
Möglicherweise gibt es analog zum Zylinderstauchversuch ein optimales h_o/a-Verhältnis, für welches die Wirkung der Reibung auf die Meßkurve in einem gewissen Wertebereich für den Umformgrad minimal ist.
Den Vorzügen des Flachstauchversuches stehen einige Nachteile gegenüber:

1) Die Stauchwerkzeuge müssen sehr genau mittig geführt werden, da schon ein kleiner Seitenversatz die belastete Fläche merklich verringert (die Werkzeugbreite a beträgt u.U. nur wenige mm [8].

2) Entlang der Längskanten der Stempel besteht eine Spannungskonzentration (Kerbwirkung), die mit wachsendem Umformgrad zunimmt. Hierdurch kann es "vorzeitig" zum Bruch kommen, d.h. bei einem Stauchgrad, bei dem im Falle einachsiger Beanspruchung das Umformvermögen des Werkstoffes noch nicht erschöpft wäre, s.Bild 21.

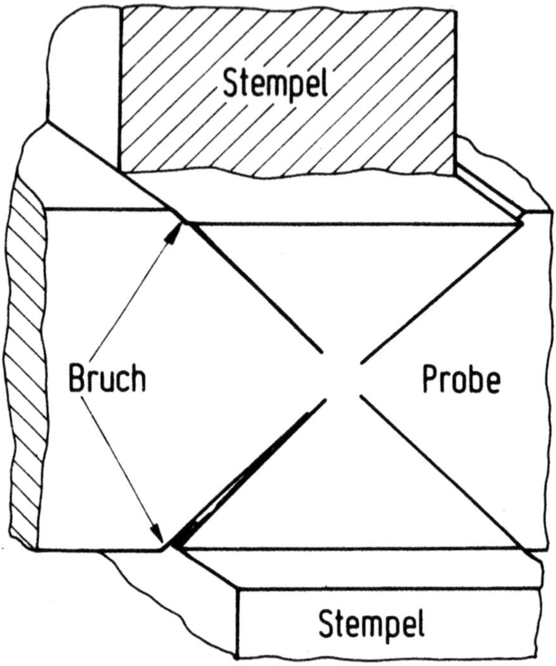

Bild 21: Schema der Rißentstehung beim Flachstauchversuch [58].

2.2.7 Vergleichende Betrachtung der Ausführungsformen des Stauchversuches

In Tab. 1 sind für fünf im vorhergehenden Text beschriebene Ausführungsformen des Stauchversuches die Gleichungen angegeben, welche den Zusammenhang zwischen der Fließkurve $k_f(\varphi)$ und der Meßkurve F (s) beschreiben. Die Gleichungen lassen sich z.B. für den Fall des Rastegaev-Versuches mit Messung der Höhenabnahme aus Gl. (17), (22) ableiten.
Bild 22 zeigt die für diese Formen des Stauchversuches zu erwartenden "Meßkurven"; da alle Korrekturen, auch die auf den Reibungseinfluß, vernachlässigt worden sind, fallen die Meßkurven für drei der Versuche zusammen. Ersichtlich ist die

"Auflösung" beim Rastegaev-Versuch mit Messung der Durchmesserzunahme am besten. Dies bedeutet, daß dieser Versuch in Bezug auf die Fortpflanzung der Meßfehler sich am günstigsten verhalten dürfte.
Nun werden die Fehler bei den verschiedenen Ausführungsformen des Stauchversuches etwas genauer betrachtet.
Nach dem Fehlerfortpflanzungsgesetz (vgl. DIN 1319) setzt sich der Meßfehler einer abgeleiteten Größe, zu deren Ermittlung mehrere unabhängige Variable zu messen sind, aus den Einzelfehlern zusammen[x)]. Im Gegensatz zur Fließspannung ist der Fehler des Umformgrades nur von einer Meßgröße abhängig. Diese ist in Tab.2 in verallgemeinerter Form als relative Maßänderung x (relativer Stauchgrad oder relative Durchmesserzunahme) aufgeführt. Für die Fehlergrenze G_φ des Umformgrades gilt mit G_x als Fehlergrenze von x:

$$G_\varphi = \frac{d\varphi}{dx} G_x \tag{47}$$

Der Fehler des Umformgrades ist im Vergleich zu dem der Fließspannung i.allg. klein und kann vor allem bei höheren Umformgraden, d.h. im eigentlichen Anwendungsbereich des Stauchversuches oft vernachlässigt werden [34,66,68].

Die Fehlergrenze G_{k_f} der Fließspannung ergibt sich nach dem Fehlerfortpflanzungsgesetz im allgemeinen Fall zu

$$\left|\frac{G_{k_f}}{k_f}\right| \leq \left|\frac{\partial k_f}{\partial F}\,\frac{G_F}{k_f}\right| + \left|\frac{\partial k_f}{\partial x}\,\frac{G_x}{k_f}\right| + \left|\frac{\partial k_f}{\partial \mu}\,\frac{G_\mu}{k_f}\right| + \left|\frac{\partial k_f}{\partial \varkappa}\,\frac{G_\varkappa}{k_f}\right| \tag{48}$$

Herin ist G_F die Fehlergrenze der Kraft, und $G_\varkappa$ und G_μ sind die Fehlergrenzen der Reibzahlen in Gl. (26) bzw. (30).
In dem allgemeinen Ausdruck (48) können oft einige Glieder vernachlässigt werden. Dies gilt insbesondere für den ersten Summanden, d.h. für den Fehlerbeitrag der Kraft [32, 66, 67].

---

x) Als Maß für die Fehler wird die "Fehlergrenze" nach DIN 1319 verwendet, da die betrachteten Fehler vornehmlich systematische Fehler sind.

Tabelle 2: Umformgrad und Kraft als Funktion der Maßänderung für fünf Ausführungsformen des Stauchversuches (Annahme $k_f(\varphi) = k_{f1}\varphi^n$, Korrekturen wurden vernachlässigt [65]):

a) Rastegaev-Versuch, Messung der Höhenabnahme
b) Rastegaev-Versuch, Messung der Durchmesserzunahme
c) Zylinderstauchversuch mit Haftreibung
d) Zylinderstauchversuch mit konventioneller Schmierung
e) Flachstauchversuch

	a, c, d	b	e
Relative Maßänderung x	$\frac{s}{h_o}$	$\frac{w}{2r_o}$	$\frac{s}{h_o}$
Umformgrad $\varphi(x)$ (Tresca-Kriterium)	$\ln(\frac{1}{1-x})$	$2\ln(1+x)$	$\ln(\frac{1}{1-x})$
Fließspannung $k_f(x)$	$\frac{F(1-x)}{\pi r_o^2}$	$\frac{F}{\pi r_o^2\ (1+x)^2}$	$\frac{F}{ab}$
Kraft pro Anfangsquerschnitt $F'(F)$	$\frac{F}{\pi r_o^2\ k_{f1}}$	$\frac{F}{\pi k_{f1}\ r_o^2}$	$\frac{F}{abk_{f1}}$
Normierte Kraft-Weg-Kurve $F'(x)$	$\frac{\ln^n\frac{1}{(1-x)}}{1-x}$	$2^n(1+x)^2\ln^n(1+x)$	$\ln^n(\frac{1}{1-x})$

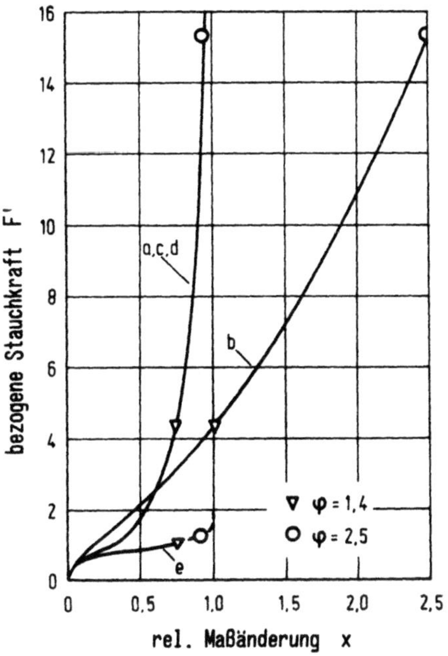

Bild 22: Zu erwartende "Meßkurve" für fünf Ausführungsformen des Stauchversuches [66]. Es wurde Gl. (12) für die Fließkurve angenommen; Korrekturen wurden vernachlässigt.

a) Rastegaev-Versuch mit Messung der Höhenabnahme
b) Rastegaev-Versuch mit Messung der Durchmesserzunahme
c) Zylinderstauchversuch mit Haftreibung
d) Zylinderstauchversuch mit herkömmlicher Schmierung
e) Flachstauchversuch

Es ist anzunehmen, daß der zweite Summand in (49), der den Einfluß des Meßfehlers der Maßänderung x beschreibt, am größten ist für den Rastegaev-Versuch mit Messung der Höhenabnahme, zumal bei diesem Versuch gemäß (29) der zulässige Schlankheitsgrad der Proben am niedrigsten ist, dieser Fehler wird aber auch bei den anderen Versuchen merklich sein. Ausgenommen hiervon ist der Flachstauchversuch, für den aus (46) folgt

$$\frac{\partial k_f}{\partial x} = o \qquad (49)$$

Zu den Fehlerbeiträgen der Reibzahlen ist zu bemerken, daß nur beim Rastegaev-Versuch beide Beiträge berücksichtigt werden müssen, vgl. Gl.(30). Für Haftreibung hängt die Genauigkeit der ermittelten Fließspannung von der folgenden Bedingung ab. Es kann möglicherweise auf Grund von Angaben in [33,34] angenommen werden, daß die Stauchkraft bei Haftreibung von der Reibzahl unabhängig ist, d.h. insbesondere, daß gilt:

$$F(s)_{\mu_{St}} = F(s)_{\mu=o} \qquad (50)$$

Hierin ist μ_{St} die Reibzahl bei Haftreibung (sticking friction).

Dann folgt, daß für Haftreibung vielleicht nur der zweite Summand in (48) von Null verschieden ist. Bis jetzt ist aber nicht geklärt, mit welcher Genauigkeit die Gültigkeit der Gl.(50) für beliebige Werkstoffe vorausgesetzt werden kann. Neben den Fehlereinflüssen sind die verschiedenen Ausführungsformen des Stauchversuches auch danach zu beurteilen, bis zu welchem maximalen Umformgrad sie eine Bestimmung der Fließkurve mit hinreichender Genauigkeit ermöglichen. Hierüber können auf Grund der vorliegenden Schrifttumsangaben keine allgemeinen Aussagen gemacht werden. Es wurde bereits erwähnt, daß beim Flachstauchversuch durch die Spannungskonzentration entlang den Werkzeugkanten ein "verfrühter" Bruchbeginn möglich ist.

Tabelle 3: Bewertung der Fehlerfortpflanzung bei fünf Ausführungsformen des Stauchversuches

		relative Maßänderung	Kraft F	Reibzahl (ohne Schmierung)	Reibzahl (mit Schmierung)
a) Stauchversuch (Rastegaev)	φ	(+)			
Messung der Höhenabnahme	k_f	+		(+)	(+)
b) Stauchversuch (Rastegaev)	φ				
Messung der Durchmesserzunahme	k_f			(+)	(+)
c) Stauchversuch mit	φ	(+)			
Haftreibung x)	k_f	+			
d) Stauchversuch mit	φ	(+)			
konventioneller Schmierung	k_f	+			+
e) Flachstauchversuch	φ				
	k_f		(+)	+	

\+ = bedeutend

(+) = ungewiß, evt. vernachlässigbar

x) Es wurde angenommen, daß Gl.(50) gilt. Die Frage ist allerdings bis jetzt noch nicht genügend untersucht.

Auch bei den anderen Versuchen wird der für eine Fließkurvenermittlung nutzbare Wertebereich des Umformgrades kleiner sein, als es dem Formänderungsvermögen des Werkstoffes entspricht, da die systematischen Fehler mit wachsendem Umformgrad zunehmen. Als Faustregel kann für die verschiedenen Varianten des Zylinderstauchversuches angenommen werden, daß (im einstufigen Versuch) die Fließkurve etwa bis $\varphi \approx 1$ einigermaßen genau bestimmt werden kann.

Schließlich gehört zur Bewertung der verschiedenen Formen des Stauchversuches aus der Sicht der Praxis eine Berücksichtigung des erforderlichen Aufwandes für Probenherstellung, Versuchsdurchführung und Versuchsauswertung. Dabei scheint eine numerisch aufwendige Versuchsauswertung durch die zunehmende Verbreitung von Kleinrechnern nicht mehr ein grundsätzlicher Einwand gegen einen Versuch zu sein. Immerhin ist klar, daß unter dem Gesichtspunkt des Aufwandes der Rastegaev-Versuch mit Messung der Durchmesserzunahme schlecht abschneidet.

In Tabelle 4 wurde eine einheitliche Bewertung der fünf Versuche auf Grund der genannten Kriterien versucht (für weitere Varianten des Stauchversuches findet sich eine ähnliche tabellarische Darstellung in [69]). Dabei war allerdings eine gewisse Subjektivität schwer zu vermeiden.

Die grundsätzliche Unsicherheit des Stauchversuches mit Haftreibung, (d.h. die Frage der Verallgemeinerung auf beliebige Werkstoffe) ist in Tabelle 4 nicht mit angegeben. Außerdem ist der Einfluß des Fließkriteriums auf den berechneten Umformgrad nicht mit angegeben. Es ist nämlich zu beachten, daß für gegebene Höhenabnahme der Umformgrad im Zylinder- und im Flachstauchversuch nach dem Tresca-Kriterium gleich ist; nach dem v. Mises-Kriterium ist er im Zylinderstauchversuch um den Faktor $\frac{3}{4}$ kleiner als im Flachstauchversuch. Unter diesem Aspekt ist der Zylinderstauchversuch vorzuziehen, da er eine echte "Umkehrung" des Zugversuches ist im Gegensatz zum Flachstauchversuch.

Insgesamt gilt aber, daß es ein allgemeingültiges "bestes" Prüfverfahren nicht gibt.

Tabelle 4 : Bewertungskriterien für verschiedene Ausführungsformen des Stauchversuches[x)]

a) Rastegaev-Versuch, Messung der Höhenabnahme
b) Rastegaev-Versuch, Messung der Durchmesserzunahme
c) Zylinderstauchversuch mit Haftreibung
d) Zylinderstauchversuch mit konventioneller Schmierung
e) Flachstauchversuch

	a	b	c	d	e
1) Fehlerquellen:					
Reibung	(+)	(+)		+	(+)
Meßfehler	+		(+)	(+)	
Seitenversatz der Stauchbahnen					+
2) "Vorzeitiger"Bruchbeginn			(+)		+
3) Großer Aufwand	(+)	+			

+ = ausgeprägt
(+) = weniger ausgeprägt oder unklar

[x)] Zum Zylinderstauchversuch mit Haftreibung s.Hinweis im Text.

Neben den unterschiedlichen systematischen Fehlern der verschiedenen Ausführungsformen des Stauchversuches treten stets auch zusällige Fehler auf, d.h. eine Streuung der Einzelergebnisse um den jeweiligen Mittelwert.
Diese Streuung ist nicht nur auf Zufallseinflüsse bei der Durchführung der Versuche zurückzuführen, sondern auch auf Schwankungen der Werkstoffeigenschaften von Probe zu Probe.
In [65] finden sich Angaben über die Ergebnisse einer Gemeinschaftsarbeit, in der Zylinderstauchversuche mit herkömmlicher Schmierung in sechs Prüflabors durchgeführt wurden. Die Streuung der Ergebnisse lag in der Größenordnung von einigen Prozent. Ergänzende Angaben zur Bewertung des Stauchversuches im Vergleich zu grundsätzlich anderen Methoden finden sich in Kap.3.

2.3 Verdrehversuch

2.3.1 Grundbegriffe

Der Verdrehversuch (Torsionsversuch) soll hier verhältnismäßig knapp dargestellt werden, da er schon in mehreren anderen Arbeiten des Verfassers behandelt wurde [71 bis 73].

Da der Verdrehversuch eine Spezialmaschine erfordert, wird er im Vergleich zum Zug- und Stauchversuch relativ selten angewandt. Dies äußert sich auch darin, daß bis jetzt für den Verdrehversuch zur Aufnahme von Fließkurven keine DIN-Norm existiert, desgleichen kein Stahl-Eisen-Prüfblatt, in VDI-B 3200 [19] finden sich nur wenige Zeilen über den Torsionsversuch .
Es wird zunächst nur der Verdrehversuch an massiven Rundstäben betrachtet, zum Verdrehversuch an Blechprober s. Kap.4.

Beim Verdrehversuch wird eine zylindrische Probe durch ein um die Längsachse wirkendes Moment M verdreht (Bild 23). Die Fließspannung k_f wird aus dem wirkenden Drehmoment M berechnet, und der Umformgrad φ aus der Schiebung γ.

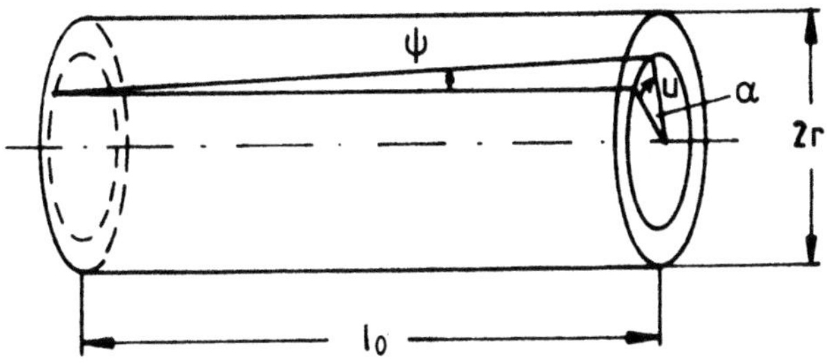

Bild 23: Bezeichnungen an einer Torsionsprobe.

Da im Torsionsversuch die Probengeometrie praktisch unverändert bleibt, kann die Umformgeschwindigkeit besonders einfach (durch Festlegung der Drehzahl) eingestellt und während des Versuches konstant gehalten werden. Dies ist von Bedeutung, wenn die Fließspannung stark von der Umformgeschwindigkeit abhängt, d.h. vor allem bei erhöhten Temperaturen.
Für die Schiebung im Abstand u von der Achse einer langen, kreiszylindrischen Torsionsprobe (Bild 23) gilt [74]

$$\gamma_u \quad (\alpha) \quad = \quad \mathrm{tg}\,\psi = \frac{u\,\alpha}{l_o}; \quad o \leq u \leq r \qquad (51)$$

Hierin ist α der Winkel, um den die Stirnflächen gegeneinander verdrillt worden sind.
In Gl.(51) ist vorausgesetzt, daß der Werkstoff homogen und isotrop ist, und daß die Probenlänge während der Torsion konstant bleibt. Dann werden Radiusvektoren, die von der Achse ausgehen und senkrecht auf ihr stehen, nicht verkrümmt [71].
Zur Versuchsauswertung wird aus den Meßdaten die Schubspannung als Funktion der Schiebung berechnet, und zwar herkömmlicherweise für die Außenfaser (u = r). Aus Gl.(51) wird dann

$$\gamma_r \quad (\alpha) \quad = \quad \frac{r\,\alpha}{l_o} \qquad (52)$$

Für die Schiebungsgeschwindigkeit auf der Mantelfläche folgt

$$\dot{\gamma}_r = \frac{r\dot{\alpha}}{l_o} \qquad (53)$$

Die Versuche werden üblicherweise bei konstanter Drehzahl durchgeführt, und somit bei konstanter Schiebungsgeschwindigkeit.

2.3.2 Berechnung der Fließkurve aus den Meßdaten

Für das Drehmoment gilt

$$M\,(r, \gamma_r, \dot{\gamma}_r) = 2\pi \int_0^r \tau(\gamma_u, \dot{\gamma}_u)\, u^2 \; du \qquad (54)$$

Hierin ist γ_u durch (51) gegeben, und $\dot{\gamma}_u$ ist die Ableitung von γ_u nach der Zeit.

Aus der gemessenen Drehmoment-Drehwinkel-Kurve kann die Schubspannung auf der Mantelfläche der Probe (u=r) berechnet werden.

Es gilt [74]:

$$\tau(\gamma_r, \dot{\gamma}_r) = \frac{3M(r, \gamma_r, \dot{\gamma}_r)}{2\pi r^3}\left(1 + \frac{1}{3M}\left[\gamma_r \frac{\partial M}{\partial \gamma_r} + \dot{\gamma}_r \frac{\partial M}{\partial \dot{\gamma}_r}\right]\right) \qquad (55)$$

Mit Hilfe dieser Beziehung wird herkömmlicherweise der Torsionsversuch ausgewertet.

Wie jedoch zuerst von Barraclough et al. [75] gezeigt wurde, ist die Berechnung der örtlichen Schubspannung auf der Mantelfläche der Probe zwar mathematisch korrekt, jedoch physikalisch nicht sinnvoll: direkt an der Oberfläche sind die Werkstoffeigenschaften stets durch verschiedene Effekte verfälscht (spanende Bearbeitung bei der Probenherstellung, Oxidation, Oberflächenmikrogeometrie).

Aus diesen Gründen wird in [75] die Berechnung der örtlichen Schubspannung für einen "kritischen Radialabstand" $u^* < r$ vorgeschlagen. Zur Bestimmung dieses kritischen Radialabstandes ist eine Annahme über den Verlauf der Fließkurve erforderlich, die dann im Nachhinein durch das Experiment geprüft und ggf. iterativ verbessert werden muß.

2.3.3 Auswirkung des Fließkriteriums

Im Torsionsversuch können im Prinzip Fließkurven bis zu sehr hohen Umformgraden ermittelt werden, u.U. sogar bis zu höheren Umformgraden, als sie in realen Fällen im Stauchversuch erreicht werden [71]. Die Frage ist allerdings, ob nicht bei der Umrechnung der Ergebnisse des Torsionsversuches auf einachsige Beanspruchung ein so großer Fehler in die berechnete Fließkurve eingeht, daß aus diesem Grunde doch der Stauchversuch vorzuziehen ist (obwohl beim Torsionsversuch auch die Fehlerquelle Reibung entfällt).
Aus der durch (55) gegebenen Funktion $\tau(\gamma,\dot{\gamma})$ ist die Fließkurve $k_f(\varphi,\dot{\varphi})$ zu berechnen. Zu diesem Zweck wird üblicherweise das v. Mises - oder das Tresca-Kriterium angenommen. In jedem Fall ist der Vergleichsumformgrad φ proportional zur Schiebung γ [76] (die in [77] angebene nichtlineare Beziehung für $\varphi(\gamma)$ darf bei der Ermittlung von Fließkurven nicht verwendet werden).

Aus dem Unterschied zwischen den beiden genannten Fließkriterien resultiert eine Unsicherheit der berechneten Fließkurve. Um diese allgemein abzuschätzen, wird für die Schubspannung eine Beziehung angenommen, zu der nicht nur der Einfluß des Umformgrades, sondern auch der der Umformgeschwindigkeit berücksichtigt wird:

$$\tau(\gamma,\dot{\gamma}) = \tau_1\,\gamma^n\,\dot{\gamma}^m \qquad (56)$$

Hierin sind τ_1, n und m Konstanten (n="Verfestigungsexponent", m="strain rate sensitivity index", vgl.(7),(12). Mit (56) wird aus (54)

$$M(r,\gamma_r,\dot{\gamma}_r) = \frac{2\pi r^3}{3+n+m}\,\tau_1\,\gamma_r^{\,n}\,\dot{\gamma}_r^{\,m} \qquad (57)$$

Daraus folgt nach kurzer Rechnung [73]

$$k_f(\varphi, \dot{\varphi}) = k_{f1}\, \varphi^n\, \dot{\varphi}^m \tag{58}$$

Hierin ist k_{f1} eine noch zu bestimmende Konstante. Für den Vergleichsumformgrad als Funktion der Schiebung gilt

$$\varphi = \frac{\gamma}{B} \tag{59}$$

Hierin ist

$$B = \begin{cases} \sqrt{3} & \text{nach v. Mises} \\ 2 & \text{nach Tresca} \end{cases} \tag{60}$$

Es folgt mit (56),(58),(59)

$$\frac{k_{f1}}{\tau_1} = \begin{cases} 3^{\frac{1+n+m}{2}} & \text{nach v. Mises} \\ 2^{1+n+m} & \text{nach Tresca} \end{cases} \tag{61}$$

Für $o < n+m < 1/2$ ergeben sich aus (61) Werte, die sich um bis zu 24 % unterscheiden. Daher ist die absolute Höhe der ermittelten Fließspannung mit einer Unsicherheit behaftet, gegen die alle Meßfehler vernachlässigt werden können. Andererseits geht das Fließkriterium nicht in die ermittelten Werte für n und m ein.

Die Unsicherheit des Fließkriteriums ist in Wahrheit noch größer, als im Unterschied zwischen den Fließkriterien nach v. Mises und Tresca zum Ausdruck kommt: beide Fließkriterien haben nämlich einige Voraussetzungen gemeinsam, die nur in Näherung erfüllt sind: Homogenität, Isotropie und Inkompressibilität des Werkstoffes.

Diese Annahmen sind auch schon in Gl.(51) für die Schiebung als Funktion des Radialabstandes enthalten [72]. Unter diesen Annahmen kann vor allem die der Isotropie einen erheblichen Fehler verursachen: die meisten Werkstoffe haben eine Textur, zudem wird beim Torsionsversuch eine Verformungstextur erzeugt, s. z.B. [78].

Die beiden Fließkriterien haben noch eine weitere Voraussetzung gemeinsam: die Fließspannung muß unabhängig von der Umformgeschwindigkeit sein.

Da der Torsionsversuch vielfach zur Prüfung dehngeschwindigkeitsempfindlicher Werkstoff eingesetzt wird (s.u.), ist die Verwendung der genannten Fließkriterien eigentlich nicht folgerichtig. Bis jetzt scheint aber kein einfaches, für den Praktiker geeignetes Fließkriterium bekannt zu sein, welches die Dehngeschwindigkeitsempfindlichkeit berücksichtigt (zum Fließkriterium s.a. Abschnitt 6.2.1).

2.3.4 Fehler beim Torsionsversuch

Über die eigentlichen Experimentierfehler beim Torsionsversuch finden sich Angaben z.B. in [72]. Diese Fehler dürften aber in vielen Fällen klein gegen die grundsätzliche Unsicherheit des Fließkriteriums sein, sowie gegen die Unsicherheit der genannten Voraussetzungen der Homogenität, Inkompressibilität und Isotropie des Werkstoffes.
Da diese Voraussetzungen auch der Gl.(51) für die Schiebung als Funktion des Radialabstandes zugrundeliegen, wurde von einigen Autoren die Torsion von Hohlproben empfohlen, s.z.B. [79,80).
Es ist allerdings schwierig, aus weichen Werkstoffen dünnwandige Proben herzustellen; zudem erfolgt bei der Torsion oft eine Verwölbung der Hohlprobe. Um diese Schwierigkeiten zu umgehen, wurden z.B. in [81] massive Proben mit unterschiedlichem Durchmesser bei sonst gleichen Abmessungen verdreht. Bei der Versuchsauswertung wurde zunächst die Differenz der bei gleichem Drehwinkel gemessenen Drehmomente gebildet, anschließend wurde wie bei Hohlproben ausgewertet.
Ob die aufwendige Torsion von mehreren Proben mit geringfügig unterschiedlichem Durchmesser nötig ist, oder ob es nicht zweckmäßiger ist, Proben mit nur einem einheitlichen Durchmesser zu verwenden und bei der Auswertung auf den erwähnten "kritischen Radialabstand" umzurechnen, kann derzeit wohl noch nicht abschließend beurteilt werden.

Nun soll die Frage erörtert werden, welche Größe oder Funktion als das "Hauptergebnis" des Torsionsversuches anzusehen ist, d.h. aus den Meßdaten mit der kleinsten Unsicherheit berechnet werden kann.
Wie erwähnt, werden bei einer durch Gl.(59) beschriebenen

Fließkurve die aus den Meßdaten berechneten Werte für n und m nicht durch die Wahl des Fließkriteriums beeinflußt und somit wesentlich zuverlässiger bestimmt als die Konstante C, welche die absolute Höhe der Fließspannung festlegt. Demnach kommen als "Hauptergebnis" nur n und m in Betracht, wobei n den relativen Verlauf der Fließkurve beschreibt, und m den Geschwindigkeitseinfluß.

Die Kenntnis des relativen Verlaufes der Fließkurve ohne Kenntnis der absoluten Höhe der Fließspannung ist zumindest für die Massivumformung i.allg. wenig interessant, daher lohnt eine Durchführung des Torsionsversuches zur Bestimmung des relativen Verlaufes der Fließkurve nur bei gleichzeitiger Bestimmung ihrer absoluten Höhe im Zug- oder im Stauchversuch.

Neben dem relativen Verlauf der Fließkurve ist der Geschwindigkeitseinfluß (die "strain rate sensitivity") als Hauptergebnis des Verdrehversuches anzusehen. Dies gilt umso mehr, als beim Torsionsversuch die Umformgeschwindigkeit einfacher als im Zug- oder Stauchversuch - nämlich durch die Drehzahl - festgelegt und während des Versuches konstant gehalten werden kann.

suches konstant gehalten werden kann.

Ein Anwendungsfall für den Torsionsversuch ist somit immer dann gegeben, wenn der Geschwindigkeitseinfluß besonders stark ist, d.h. vor allem bei Warmumformung wie auch z.B. bei superplastischem Werkstoffverhalten.

Demnach sind beim Torsionsversuch auch die für Warmumformung spezifischen Fehlerquellen zu berücksichtigen. Hierzu finden sich einige Angaben im nachfolgenden Abschnitt.

2.4 Aufnahme von Warmfließkurven

2.4.1 Allgemeine Bedingungen

Da die Bewegung der gleitfähigen Versetzungen zur Überwindung von Hindernissen durch thermisch aktivierbare Vorgänge erleichtert wird, haben zunehmende Temperaturen i.allg. eine Abnahme der Fließspannung zu Folge(vgl.Abschn.1.2.3 und 6.3).

Außerdem gilt bei erhöhten Temperaturen, daß der Einfluß der Umformgeschwindigkeit auf die Fließspannung mindestens so groß ist wie der des Umformgrades. Wird Gl.(59) für die Fließkurve angenommen, so bedeutet dies, daß der Geschwindigkeitsexponent m im allgemeinen mit steigender Temperatur zunimmt.
Während m sich z.B. für unlegierte Stähle bei Raumtemperatur wenig von Null unterscheidet, nimmt bei 1200 °C die Fließspannung um bis zu 70 % zu, wenn $\dot{\varphi}$ um eine Zehnerpotenz vergrößert wird. Wegen der Versprödung im Temperaturbereich von 100 bis 500°C und der $\alpha - \gamma$ - Umwandlung steigt m jedoch nicht monoton mit der Temperatur.

Nach Sellars und Tegart [82] lassen sich bei Temperaturen $T > 0{,}6\ T_s$ der Zusammenhang der Fließspannung k_f mit Umformgeschwindigkeit $\dot{\varphi}$ und Temperatur T sowie das Kriechverhalten durch eine einzige Funktion beschreiben. Der Grund dafür ist, daß die Warmumformung ähnlich wie das Kriechen als thermisch aktivierter, durch eine äußere Beanspruchung beeinflußter Vorgang betrachtet werden kann. Es wird geschrieben

$$\dot{\varphi}(T,k_f) = C \left[\sinh (\beta k_f)\right]^{n'} \exp\left(-\frac{Q}{RT}\right) \qquad (62)$$

Hierin bedeuten

C, β, n' = temperaturunabhängige Konstanten
Q = Aktivierungsenergie für die Umformung
R = Gaskonstante

Gl.(62) gilt nur für eine gegebene Mikrostruktur, denn bei Phasenänderungen ändert sich die Aktivierungsenergie Q. Aus Gl.(62) läßt sich die Funktion ableiten

$$Z(\dot{\varphi}, T) = \dot{\varphi} \cdot \exp.\left(\frac{Q}{RT}\right) = C \left[\sinh (\beta \cdot k_f)\right]^{n'} \qquad (63)$$

Mit Hilfe der temperaturkorrigierten Umformgeschwindigkeit Z ("Zener-Hollomon-Parameter") wird eine von der Temperatur unabhängige Darstellung des Zusammenhangs zwischen $\dot{\varphi}$ und der Fließspannung möglich. Sofern die Aktivierungsenergie Q über große Bereiche von $\dot{\varphi}$ unverändert bleibt (angenähert gültig für $T > 0{,}6\ T_s$), lassen sich daher die Ergebnisse von Kriech-

versuchen und von Versuchen zur Ermittlung der Fließspannung bei höheren Geschwindigkeiten zusammenfassen.
I.allg. kann jedenfalls für erhöhte Temperaturen angenommen werden, daß gilt

$$m \geq n \tag{64}$$

In vielen Fällen kann sogar der Einfluß des Umformgrades φ im Vergleich zu dem der Umformgeschwindigkeit $\dot{\varphi}$ vernachlässigt werden, so daß gilt

$$m \gg n \tag{65}$$

Dann kann Gl.(59) näherungsweise durch Gl.(7) ersetzt werden.

Im übrigen wird bei hohen Temperaturen der relative Verlauf der Fließkurve in Abhängigkeit vom Umformgrad nicht mehr durch den Ludwik-Ansatz $k_f \sim \varphi^n$ beschrieben, s.z.B. [24].

Bei der Aufnahme von Warmfließkurven ist außerdem zu beachten, daß die Umformgeschwindigkeit bei technischer Warmumformung häufig sehr hoch ist ($\dot{\varphi} \approx 10 \ldots 10^3\ s^{-1}$). Dies macht es erforderlich, bei der Aufnahme von Warmfließkurven vergleichbar hohe Umformgeschwindigkeiten zu realisieren.

An und für sich werden Versuche mit einer Umformgeschwindikeit oberhalb von etwa $\dot{\varphi} \approx 0{,}1\ s^{-1}$ vielfach als "Schlagversuche" bezeichnet [83]. Auf die besonderen Merkmale von Schlagversuchen wird in Abschnitt 3.2 eingegangen. Da aber eine Erhöhung der Temperatur einer Erhöhung der Umformgeschwindigkeit entgegenwirkt, vgl. Gl.(63), sind die hier betrachteten Versuche zur Aufnahme von Warmfließkurven nicht als typische Schlagversuche anzusehen.
Allgemein gilt jedoch für Versuche bei sehr hoher Umformgeschwindigkeit, daß bei Versuchsbeginn die Umformgeschwindigkeit infolge der plötzlichen Belastung der Prüfeinrichtung absinken kann, wenn nicht eine hinreichend steife Prüfeinrichtung verwendet wird, wobei eine möglichst große Schwungmasse - z.B. in Form eines Fallhammers oder eines Schwungrades - zur Stabilisierung der Umformgeschwindigkeit beiträgt.
Ein wesentliches Merkmal der Umformung bei hoher Umformge-

schwindigkeit ist die Erwärmung der Probe: etwa 90 % der Umformarbeit sowie die Reibarbeit werden in Wärme umgewandelt, der Rest bleibt als gespeicherte Energie auch im abgekühlten Werkstoff, s.z.B. [84]. Da bei hinreichend hoher Umformgeschwindigkeit während des Versuches praktische keine Wärme abgeleitet wird, gilt für die Temperaturerhöhung der Probe in Näherung

$$\Delta T(\varphi) = \frac{\delta\, k_{fm}\, \varphi}{\rho\, c} \tag{66}$$

Hierin ist abgekürzt

$$k_{fm} = k_{fm}(\varphi) = \frac{1}{\varphi} \int_{o}^{\varphi} k_f(\varphi)\, d\varphi \tag{67}$$

Weiterhin bedeutet c die spezifische Wärme, und die Dichte des Probenwerkstoffes; der Faktor δ hat folgende Werte

$$\delta = \begin{cases} o & \text{für isotherme Verformung} \\ 1 & \text{für adiabatische Verformung} \end{cases} \tag{68}$$

Die Erwärmung der Probe während der Verformung scheint einerseits wünschenswert, da eine entsprechende Erwärmung auch bei technischer Warmumformung erfolgt. Da aber die Erwärmung nicht allein von der Umformgeschwindigkeit abhängt, sondern auch von der geometrischen Gestalt, der absoluten Probengröße und von den Reibverhältnissen, kann eine im Versuch beobachtete Erwärmung nicht einfach auf technische Umformvorgänge übertragen werden. Deshalb wird in vielen Fällen versucht, die isothermische Fließkurve anzunähern. Dies kann ggf. durch eine mehrfache Unterbrechung des Versuches erreicht werden.

Ein Beispiel dafür ist der schon beschriebene Stufenstauchversuch, bei dem allerdings mit der Unterbrechung zugleich auch bezweckt wird, die Reibungseinflüsse zu unterdrücken, vgl. Abschnitt 2.2.3. Grundsätzlich läßt sich ein vollständiger Temperaturausgleich nur erreichen, wenn der Versuch oft genug unterbrochen wird; dabei wird vorausgesetzt, daß keine thermisch aktivierten Vorgänge während der Unterbrechung ablaufen.
Die Abweichung der gemessenen von der isothermischen Fließ-

kurve ist umso größer, je höher die Umformgeschwindigkeit ist. Da i.allg. die Fließspannung mit steigender Temperatur abnimmt, liegen isothermische Fließkurven über den entsprechenden adiabatischen.

Eine andere Möglichkeit, die Erwärmung der Probe während des Versuches zu unterdrücken, besteht darin, die Probe kontinuierlich durch eine zirkulierende Kühlflüssigkeit auf möglichst konstanter Temperatur zu halten [85]. Es ist auch möglich, isothermische Fließkurven durch entsprechende rechnerische Korrektur adiabatischer Fließkurven zu ermitteln [8,86]. Die Messung der Erwärmung der Probe während des Versuches mit Hilfe von Thermoelementen ist z.B. in [87] beschrieben.

Den Bedingungen der Praxis entspricht vielfach eine Umformgeschwindigkeit, bei der eine endliche, aber nicht adiabatische Erwärmung erfolgt; dies wird als "polytrope" Umformung bezeichnet.

Wegen Gl.(64) bzw. (65) interessiert oft nicht so sehr der relative Verlauf der Fließkurve in einem großen Wertebereich für den Umformgrad, als vielmehr der Geschwindigkeitseinfluß. Um diesen zu erfassen, sind mehrere Versuche bei unterschiedlicher Umformgeschwindigkeit erforderlich, wobei für die Dauer eines Versuches die Umformgeschwindigkeit jeweils konstant bleiben soll. Diese Bedingung läßt sich am leichtesten im Torsionsversuch realisieren.

Wenn gemäß Gl.(59) die Fließspannung proportional zu $\dot{\varphi}^m$ ist, genügen im Prinzip zwei Versuche mit unterschiedlicher Umformgeschwindigkeit zur Ermittlung des Exponenten m. Allerdings stellt Gl.(59) nur eine mehr oder weniger gute Näherung dar, so daß i.allg. Versuche mit mehr als zwei Werten der Umformgeschwindigkeit zweckmäßig sind.

Schließlich ist auch zu beachten, daß bei hohen Umformgeschwindigkeiten Trägheitskräfte einen merklichen Einfluß auf das Ergebnis haben können. Nach [88] können Trägheitskräfte für $\dot{\varphi} = 100\ s^{-1}$ noch vernachlässigt werden, aber für $1000\ s^{-1}$ haben sie bereits einen merklichen Einfluß (weitere Angaben hierzu s.Abschnitt 2.4.3).

Im folgenden werden die Grundversuche zur Aufnahme von Warmfließkurven beschrieben. Es sei vorweg angemerkt, daß diese

Versuche vielfach nicht nur zur Aufnahme von Warmfließkurven durchgeführt werden, sondern auch oder ausschließlich in vereinfachter Form zur Ermittlung des Formänderungsvermögens.

2.4.2 Warmzugversuch

Im Zugversuch können bei Verwendung üblicher Prüfmaschinen mit genormten Proben keine sehr hohen Umformgeschwindigkeiten erreicht werden.
Da aber bei technischer Warmumformung hauptsächlich die Fließkurven bei hohen Umformgeschwindigkeiten interessieren, ist der Warmzugversuch für die Aufnahme von Fließkurven wenig interessant. Dagegen wird der Warmzugversuch oft eingesetzt, um die Brucheinschnürung als Maß für das Formänderungsvermögen zu ermitteln, wobei auf eine Ermittlung der Fließkurve vielfach verzichtet wird [89], vgl. auch Kap.7. Darüberhinaus wird für werkstoffkundliche Grundlagenuntersuchungen der Warmzugversuch bei niedriger Umformgeschwindigkeit mit elektronisch gesteuerten Prüfmaschinen eingesetzt [90].

2.4.3 Warmstauchversuch

Beim Warmstauchversuch ist zunächst zu beachten, daß aus Gl. (17) für die Umformgeschwindigkeit beim Zylinderstauchversuch sowie beim Flachstauchversuch folgt

$$\dot{\varphi} = \frac{\dot{s}}{h_o} e^{\varphi} \qquad (69)$$

Hierin ist $\dot{s}$ die Vorschubgeschwindigkeit der Stauchhöhe. Bei konstantem $\dot{s}$ ergibt sich aus (69) eine während des Versuches exponentiell ansteigende Umformgeschwindigkeit. Dies würde eine grobe Verfälschung des Versuchsergebnisses zur Folge haben. Es ist deshalb erforderlich, die Vorschubgeschwindigkeit $\dot{s}$ kontinuierlich zu verändern in der Weise, daß gilt

$$\dot{s}(\varphi) = \dot{s}_o \, e^{-\varphi} \qquad (70)$$

Dies ist möglich mit Hilfe eines kurvengesteuerten oder hydraulisch gesteuerten "Plastometers" [57,91].
Wie in [24] gezeigt wurde, kann auch mit einer Kurbelpresse in einem endlichen Intervall für dem Umformgrad eine ungefähr konstante Umformgeschwindigkeit erreicht werden. Durch passende Wahl der Parameter wurde bei den in [41] beschriebenen Versuchen im Intervall $0 \leq \varphi \leq 0{,}85$ eine ungefähr konstante Umformgeschwindigkeit erhalten.
Im Prinzip wäre es auch bei nichtzylindrischen Stauchproben möglich, eine annähernd konstante Umformgeschwindigkeit zu erreichen [49,50]. Neben dem Einhalten einer möglichst guten Konstanz der Umformgeschwindigkeit wird bei Warmstauchversuchen ein möglichst hoher absoluter Wert der Umformgeschwindigkeit angestrebt, um die Verhältnisse technischer Warmumformung zu simulieren. Aus Gl.(69) ist zu ersehen, daß ein hoher Wert von $\dot{\varphi}$ erreicht wird einerseits durch eine hohe Vorschubgeschwindigkeit s der Stauchbahnen. Dazu können z.B. technische Umformmaschinen wie Pressen oder Gegenschlaghämmer verwendet werden [24,60], oder auch servohydraulische Prüfmaschinen, s.z.B. [57,92,93]; ferner werden in manchen Fällen sog. Hopkinson-Einrichtungen eingesetzt [94], mit denen allerdings keine hohen Umformgrade erreicht werden, s.a. Abschnitt 2.5.2. Andererseits ist gemäß Gl.(69) eine möglichst niedrige Anfangshöhe h_o der Versuchsprobe zum Erreichen einer hohen Umformgeschwindigkeit wünschenswert [95].

Die in Abschnitt 2.4.1 diskutierte Erwärmung der Versuchsproben während der Umformung wurde in [96] für den Stauchversuch und den Torsionsversuch theoretisch berechnet unter Berücksichtigung der Reibungswärme. In diesem Zusammenhang haben der Flachstauchversuch und das Stauchen nichtzylindrischer Proben einen gewissen Vorteil dadurch, daß die Umformwärme nicht durch Grenzflächen hindurch in die Stauchbahnen abgeleitet werden muß, sondern zunächst in die nichtverformten, also auf tiefere Temperatur befindlichen Teile des Probenvolumens.
Ergänzend sei darauf hingewiesen, daß das Ergebnis des Stauchversuches auch noch aus anderen Gründen von der Umformgeschwindigkeit abhängt, denn die Formänderungsverteilung inner-

Tabelle 5: Schmierstoffe für den Stauchversuch [67,98].

a) Schmierstoffe in Abhängigkeit von der Temperatur

Prüftemperatur °C	Schmierstoff	Anwendungsart
20	Teflon	Folie
100	Teflon	
200	Teflon	
300	Teflon	
400	Zink mit Graphit	
500	Legierung Al/Zn 50	
600	Glasmischung I+II	Aufschwemmung in Methanol
700	Glasmischung II+III	
800	Glas III	
900	Glasmischung III+IV	
1000	Glas V	
1100	Glas V mit Graphit	
1200	Glas V mit Graphit	
1300	Glas V	
1400	$CaF_2 + BaF_2$	
1500	$SiO_2 + Si$	
1600	$BaSO_4$	

b) Chemische Zusammensetzung der als Schmierstoffe verwendeten Glassorten

Glassorte	Pb_3O_4 %	SiO_2 %	H_3BO_2 %	$Al(OH)_3$ %	$CaCO_3$ %	$MgCO_3$ %	Na_2CO_3 %	K_2CO_3 %	$BaCO_3$ %
I	69,9	-	30,1	-	-	-	-	-	-
II	71,4	26,5	-	-	-	-	-	2,1	-
III	-	56,5	1,7	4,2	8,9	5,4	22,5	0,8	-
IV	-	71,0	18,6	4,0	-	-	6,0	0,4	-
V	-	42,8	9,7	25,5	19,5	-	-	-	3,0

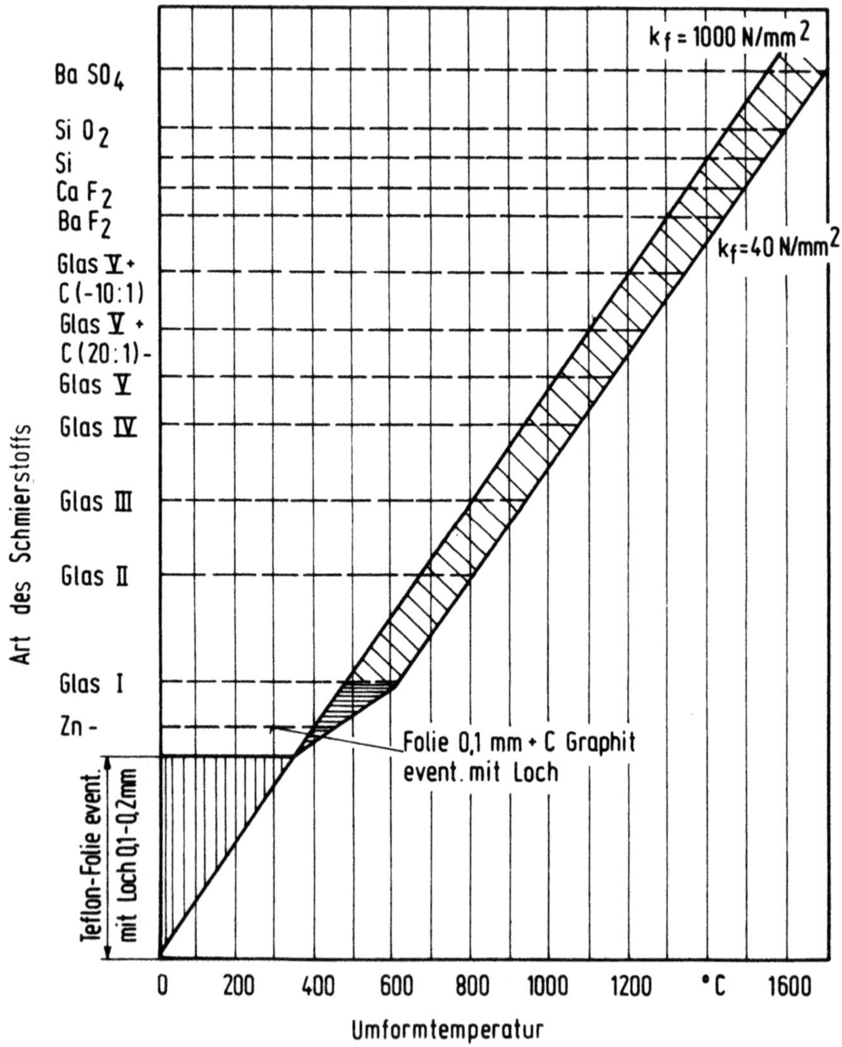

Bild 24: Schmierplan für Zylinderstauchversuche (vergl. Tab.5) [98]

halb der Probe hängt von der Umformgeschwindigkeit ab. Ursachen hierfür sind sowohl Trägheitskräfte (bei hoher Umformgeschwindigkeit) als auch die Geschwindigkeitsabhängigkeit der Reibzahl [97]. Bei der Ermittlung der Fließkurve in Abhängigkeit von der Umformgeschwindigkeit muß ggf. auf diese Effekte korrigiert werden.
Die Trägheitskräfte haben nach [97] auch einen Vorteil: sie unterdrücken die Instabilität der Probe, d.h. ihre Neigung zum Knicken etc. Demnach sind bei sehr hohen Umformgeschwindigkeiten im Zylinderstauchversuch höhere Schlankheitsgrade zulässig als bei niedriger Umformgeschwindigkeit.
Weiterhin ist bei Warmstauchversuchen zu beachten, daß je nach Temperatur ein anderes Schmiermittel verwendet werden muß, vgl. Bild 24 und Tab.5.
Ergänzende Angaben über den Warmstauchversuch und damit zusammenhängende Fragen finden sich z.B. in [60,63,90,98 bis 100].

2.4.4 Warmverdrehversuch

Analog zur Beschreibung des Warmstauchversuches im vorhergehenden Abschnitt wird zunächst die Umformgeschwindigkeit betrachtet. Der Torsionsversuch hat den großen Vorteil, daß die Probengeometrie sich während des Versuches nicht ändert, so daß eine konstante Bewegungsgeschwindigkeit des Antriebes eine konstante Umformgeschwindigkeit zur Folge hat: aus Gl. (53) folgt für konstantes $\dot{\alpha}$ ein konstanter Wert für die Schiebungsgeschwindigkeit $\dot{\gamma}$, und mit Gl.(60) ergibt sich die Vergleichsumformgeschwindigkeit

$$\dot{\varphi} = \frac{\dot{\gamma}}{B} \tag{71}$$

Aus Gl.(53) folgt, daß eine möglichst hohe Umformgeschwindigkeit, wie sie technischer Warmumformung entspricht, entweder durch Verwendung einer Prüfeinrichtung mit sehr hoher Drehzahl, d.h. mit hohem $\dot{\alpha}$ erreicht wird, oder durch Verwendung von Proben mit hohem r/l_0 - Verhältnis.
Aus wirtschaftlichen Gründen wird i.allg. die zweite Möglich-

keit vorzuziehen sein. Dabei ist für den Probenradius a eine obere Grenze gegeben durch das maximal von der Prüfmaschine aufgebrachte Drehmoment. Eine weitere Steigerung kann nur erreicht werden durch Verwendung von Proben mit möglichst kleiner Länge, s.z.B. [71,75,101,102].

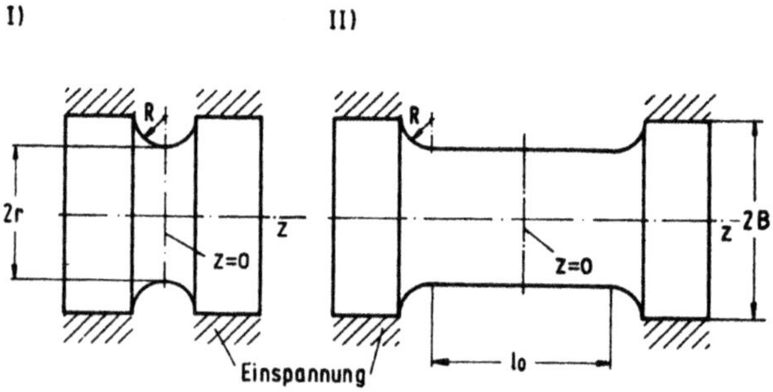

Bild 25: Kurze und lange Torsionsproben [71]

Die Verwendung kurzer Proben, vgl. Bild 25, erfordert im Prinzip eine Berücksichtigung der Kerbwirkung bei der Versuchsauswertung [71]. Dies kann umgangen werden, wenn Fließspannung und Umformgrad für den schon in Abschnitt 2.3.2 erwähnten "kritischen Radialabstand" berechnet werden [73]. Im übrigen ist die Verwendung von Proben mit sehr scharfen Kerben dadurch begrenzt, daß hierbei möglicherweise ein vorzeitiger Bruch erfolgt.

Für die Angabe der Schiebung in der Mittelebene einer kurzen Probe (Typ I in Bild 24) wird die "wirksame Probenlänge" l_p eingeführt als Maß für den an der Verformung beteiligten Abschnitt der Gesamtlänge der Probe. Statt l_0 ist jetzt l_p in den Nenner von Gl.(52) und (53) einzusetzen.

Die Bestimmung der wirksamen Probenlänge kann mit Hilfe von Experimenten erfolgen. Es ist aber auch möglich, die wirksame

Länge semiempirisch zu bestimmen [71,72].
Da bei kurzen Torsionsproben schon ein kleiner Verdrehwinkel einen hohen Umformgrad ergibt, kann der Meßfehler des Drehwinkels wesentlich sein, vor allem im Zusammenhang mit einer elastischen Verformung der Prüfeinrichtung.
Über die Erwärmung der Proben beim Torsionsversuch finden sich Angaben z.B. in [92,103,104]. Eine Besonderheit des Versuches ist die über den Probenquerschnitt veränderliche Verformung, die eine entsprechend inhomogene Erwärmung zur Folge hat. Die Ableitung der Umformung erfolgt am günstigsten bei kurzen Proben, da hierbei nur ein sehr kleiner Abstand von der Probenmitte zu den nicht verformten Probenkopfen besteht.
Weitere Angaben zum Warmtorsionsversuch und damit zusammenhängende Fragen finden sich z.B. in [105] bis [109].

2.5 Weitere Prüfverfahren

2.5.1 Überblick

Im Prinzip ist es möglich, die Fließkurve k_f (φ) zu ermitteln, indem ein beliebig geformter Probekörper auf irgendeine Weise plastisch verformt wird. Aus der Messung der einwirkenden Kraft bzw. der Kräfte sowie der Änderung der Gestalt des Probekörpers kann durch entsprechende Umrechnung die Fließkurve bestimmt werden. Eine solche Umrechnung ist im allgemeinen Fall nur mit Hilfe eines numerischen Näherungsverfahrens möglich, wobei vereinfachende Annahmen und insbesondere auch das angenommene Fließkriterium in die berechnete Fließkurve eingehen.
Aus diesem Grunde sind in allen Zweifelsfällen die einfachsten Prüfverfahren vorzuziehen, d.h. vor allem der einachsige Zug- bzw. Stauchversuch. Nur wenn es klare Gründe gibt, diese Verfahren nicht anzuwenden, kommt eine kompliziertere Vorgehensweise in Betracht.
Eine allgemeine vergleichende Betrachtung der verschiedenen Prüfverfahren findet sich in Kap. 3. Im folgenden werden einige Sonderverfahren behandelt, die in speziellen Fällen

geeignet erscheinen, wenn die einfachen Grundversuche unzweckmäßig sind. Diese Aufzählung erhebt keinen Anspruch auf Vollständigkeit.

1) Wenn extreme Werte für die Umformgeschwindigkeit erreicht werden sollen, können andersartige Vorgehensweisen als in den drei Grundversuchen (Zug, Stauchung, Torsion) zweckmäßig sein; hierzu s. Abschnitt 2.5.2.
2) Wenn es darum geht, die Fließkurve bei überlagerter hydrostatischer Druckspannung aufzunehmen, kann zwar das Prinzip des Zug-, Stauch- oder Torsionsversuches beibehalten werden. Aber die Randbedingungen erzwingen eine Modifizierung, besonders in Bezug auf die Abmessungen der Versuchsproben, so daß z.B. meist keine genormten Zugproben verwendet werden, s. Abschnitt 2.5.3.
3) Andere Gründe, vom Zug- oder Stauchversuch abzugehen, können sich daraus ergeben, daß die Probenahme schwierig ist. Da genormte Zugproben eine recht große Länge haben, ist es nicht immer möglich, derartige Proben aus dem zur Verfügung stehenden Material herauszuarbeiten. In diesem Fall ist der Stauchversuch wegen der kleineren Probenabmessungen vergleichsweise weniger problematisch. Wenn aber auch die Abmessungen von Stauchproben noch zu groß sind, kommt z.B. ein Eindringverfahren in Betracht, s. Abschnitt 2.5.4.
4) Schließlich können ungewöhnliche Werkstoffeigenschaften ein besonderes Prüfverfahren notwendig machen,s.a.2.5.5.

2.5.2 Prüfverfahren bei extremer Umformgeschwindigkeit

Da technische Umformung bei extremer Umformgeschwindigkeit meistens als Warmumformung durchgeführt wird, interessiert die Fließkurve k_f (φ) bei hoher Umformgeschwindigkeit $\dot{\varphi}$ vor allem im Bereich erhöhter Temperaturen. Dies Thematik wurde schon in Abschnitt 2.4 behandelt.
Andererseits werden auch bei Verfahren der Kaltumformung in manchen Fällen extreme Umformgeschwindigkeiten erreicht, so z.B. beim Feinblechwalzen.
Bild 26 gibt einen Überblick über die Einteilung von Prüfverfahren in Abhängigkeit von der Umformgeschwindigkeit. Diese

Einteilung ist nicht auf Prüfverfahren bei erhöhter Temperatur beschränkt; solche Prüfverfahren sind aber inbegriffen.

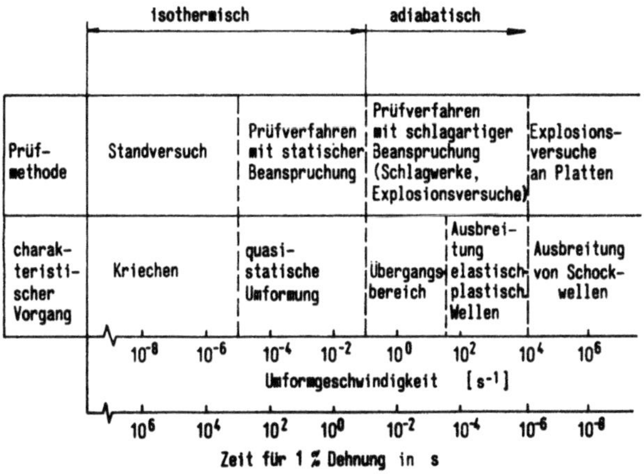

Bild 26: Prüverfahren in Abhängigkeit von der Umformgeschwindigkeit (nach [83]).

Die hier interessierenden Prüfverfahren bei hohen Umformgeschwindigkeiten sind zu den Schlag- oder sogar zu den Explosionsversuchen zu zählen. In diesem Bereich für die Umformgeschwindigkeit besteht - zumindest bei Raumtemperatur - eine verstärkte Neigung der Werkstoffe zum Sprödbruch; deshalb werden Schlagversuche in sehr vielen Fällen auch nicht zur Aufnahme von Fließkurven durchgeführt, sondern zur Festigkeitsprüfung bzw. zur Untersuchung des Bruchverhaltens; diese Thematik liegt teilweise außerhalb des Rahmens der vorliegenden Arbeit.

Zum Erzielen extremer Umformgeschwindigkeiten sind anabhängig vom konkreten Prüfverfahren zwei Voraussetzungen zu erfüllen: einerseits wird eine Prüfvorrichtung benötigt, die eine sehr hohe Bewegungs- und Belastungsgeschwindigkeit ermöglicht, andererseits eine Versuchsprobe mit möglichst kleinen Abmessungen, so daß eine gegebene absolute Bewegungsgeschwindigkeit einer hohen Umformgeschwindigkeit entspricht.

Damit scheiden genormte Zugproben (Proportionalstäbe) aus,der Schlagzugversuch wird üblicherweise mit Kerbzugproben durchgeführt, wobei kein einachsiger Formänderungszustand besteht, und hat i.allg. nicht die Ermittlung der Fließkurve zum Ziel.

Auch der Schlagbiege- und der Kerbschlagbiegeversuch werden üblicherweise nicht zur Ermittlung der Fließkurve durchgeführt, sondern zur Ermittlung der Schlagarbeit als integrales Maß für das Werkstoffverhalten vor und während des Bruches.

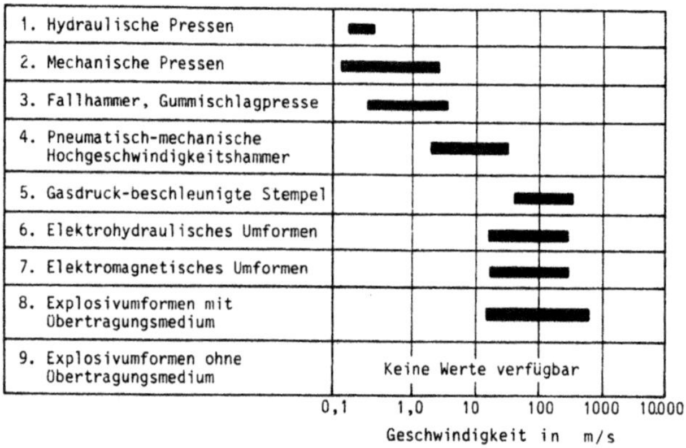

Bild 27: Bei verschiedenen Verfahren erreichte Vorgangsgeschwindigkeiten (in Anlehnung an [110]).

Demgegenüber werden der Stauch- und vor allem der Torsionsversuch teilweise bei Umformgeschwindigkeiten im Bereich der Schlagbeanspruchung durchgeführt, um Fließkurven zu ermitteln.

Ein umfassender Überblick über in der Literatur beschriebene Versuchsanordnungen zur Aufnahme von Fließkurven bei extrem hohen Umformgeschwindigkeiten findet sich in [111,112].
Als ein Beispiel für unkonventionelle Methoden zum Erreichen extremer Umformgeschwindigkeiten sei der dynamische Aufweitversuch genannt. Hierbei wird die physikalische Erscheinung genutzt, daß sich mit Hilfe eines schnellveränderlichen Magnetfeldes ein rohrförmiges metallisches Werkstück reibungsfei aufweiten läßt. Auf diese Weise lassen sich nach[113]

Umformgeschwindigkeiten bis etwa 3 · 10^3 s^{-1} erreichen, der maximal erreichbare Umformgrad beträgt aber nur etwa 0,5. Eine weitere Begrenzung des Verfahrens ergibt sich daraus, daß es nur für Probenwerkstoffe mit hoher elektrischer Leitfähigkeit in Betracht kommt.
Diese Beschränkung gilt nicht für die in [110,112] beschriebene Aufnahme von Fließkurven durch Explosionsumformung. Bei diesem Versuch kann die Druckwelle der Sprengstoffdetonation auf sehr unterschiedliche Weise zur Verformung einer Probe ausgenutzt werden. Nach [112] lassen sich die zahlreichen Ausführungsformen des Versuches im wesentlichen auf drei Grundformen zurückführen: die Plattenbeschleunigungstechnik wie in [113], bei der die Druckwelle senkrecht auf eine plattenförmige Probe wirkt; die Hohlzylinder- bzw. Ringtechnik mit rotationssymmetrischer Hohlprobe und schließlich den "Split-Hopkinson-Pressure-Bar" [114,115]. Letzterer kann für Stauch-wie auch für Zug- und Torsionsversuch angewendet werden. Bild 28 zeigt die Anordnung für Stauchversuche in der von Kolsky [115] vorgeschlagenen modifizierten Form. Durch den Stab I läuft eine Druckwelle über die Probe in den Stab II. An den Grenzflächen wird auf Grund der unterschiedlichen akustischen Impedanzen jeweils ein Teil der Wellenenergie reflektiert. Schließlich erreicht die Restwelle das freie Ende des Stabes II und wird dort reflektiert. Dann läuft eine Zugwelle durch den Stab II zurück, wodurch der Stab von der Probe getrennt wird (die Probe ist mit den Stäben nur durch einen Ölfilm verbunden). Mit der Trennung endet die Belastung der Probe.
Bei Explosionsverformung werden Umformgeschwindigkeiten bis zur Größenordnung 10^6 s^{-1} erreicht. Dies macht eine aufwendige Meßtechnik zur Erfassung der Belastung und der Gestaltänderung der Probe während des Versuches erforderlich. Auf Grund der Angaben in [113] ließen metallographische Untersuchungen umgeformter Proben bei höchsten Umformgeschwindigkeiten keine andere Mechanismen der Verformung als bei konventionellen Umformgeschwindigkeiten vermuten.
Allgemein werden bei Hochgeschwindigkeitsverformung nur relativ niedrige Umformgrade erreicht.

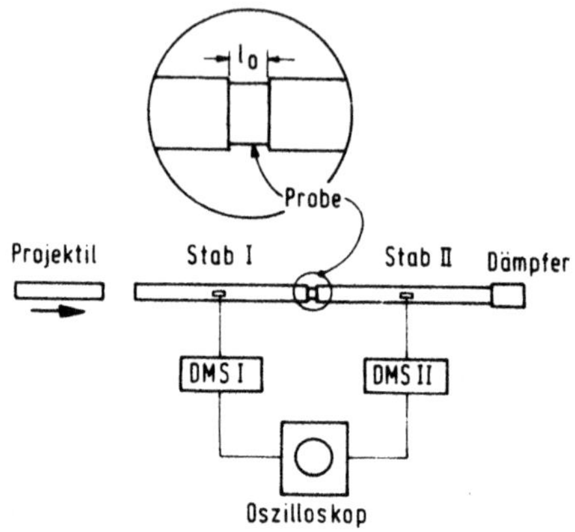

Bild 28: Der "Split-Hopkinson-Pressure-Bar" - Test [112]

2.5.3 Prüfverfahren bei überlagerter hydrostatischer Druckspannung

Wie erwähnt, ist das Umformvermögen metallischer Werkstoffe bei hydrostatischer Druckspannung am größten [17,18,21], s.a. Kap. 7. Diese Erscheinung wird genutzt, um bei verschiedenen Umformverfahren durch Überlagerung eines Gegen- oder Querdruckes höhere Umformgrade zu erreichen [1]. Dabei ändert sich durch den hydrostatischen Druck nicht nur das Umformvermögen, sondern in schwächerem Maße auch die Fließspannung [3].
Es ist deshalb erforderlich, die Fließspannung unter überlagertem hydrostatischen Druck zu bestimmen.
In [21] wird eine Prüfeinrichtung zur Aufnahme von Fließkurven bei überlagertem hydrostatischem Druck im Zug- und im Stauchversuch mit vielen experimentellen Details beschrieben. Weitere Angaben finden sich z.B. in [116,117] beschrieben. Bei derartigen Versuchen ist nicht nur die Erzeugung des hohen Druckes mit erheblichem Aufwand verbunden- entsprechend den Bedingungen bei Umformung mit hydrostatischem Gegen- oder Querdruck sind Drücke in der Größenordnung von 10^4 bar

erforderlich x) -, sondern vor allem auch die Kraftmessung. In [116] wird die Kraftmessung mit Hilfe magnetostriktiver Geber beschrieben.
Im Prinzip können alle Prüfverfahren - Zug, Druck, Torsion bei überlagertem hydrostatischem Druck durchgeführt werden. Es besteht auch die Möglichkeit, im Zug- oder im Torsionsversuch Hohlproben zu verwenden und diese von innen über eine Flüssigkeit mit einem Druck zu beaufschlagen [118]. Weitere Angaben zum Werkstoffverhalten bei hohem Druck finden sich z.B. in [21, 119].

2.5.4 Eindringverfahren

Das einfachste Eindringverfahren besteht darin, aus einer Härtemessung lediglich ein Maß für die absolute Höhe der Fließspannung zu gewinnen.
Wie in Abschnitt 2.1.3 beschrieben wurde, kann bei Annahme der Ludwikschen Gl. (12) die Fließkurve ermittelt werden durch Bestimmung der Gleichmaßdehnung und der Zugfestigkeit im Zugversuch. Aus diesen zwei Kennwerten werden die Konstanten C und n berechnet, durch welche die Fließkurve bei Annahme von Gl.(12) eindeutig bestimmt ist.
Da die Zugfestigkeit proportional zur Härte ist, kann statt der Zugfestigkeit im Prinzip auch die Härte gemessen werden. Die Umrechnung erfolgt nach der Beziehung [83]

$$R_m \approx 3{,}5 \text{ HB in N/mm}^2 \qquad (72)$$

---

x) Nach dem Gesetz über Einheiten im Meßwesen vom 2. Juli 1969 werden hydraulische Drücke in Bar (Einheitszeichen: bar), mechanische Spannungen dagegen in N/mm^2 angegeben. Es gilt

$$1 \text{ bar} \approx 0{,}1 \text{ N/mm}^2 .$$

Im vorliegenden Abschnitt müßten deshalb beide Einheiten abwechselnd gebraucht werden, je nachdem, ob die hydraulische Aufbringung des Druckes oder aber seine Wirkung auf die Probe im Vordergrund stehen. Es werden deshalb in der Regel beide Einheiten gleichzeitig genannt.

Ähnliche Beziehungen lassen sich auch für die Vickers- bzw. die Rockwell-Härte angeben. Der Proportionalitätsfaktor 3,5 gilt für Stähle; für andere Werkstoffe sind andere Zahlenfaktoren einzusetzen.
Da Gl. (72) nur eine grobe Faustformel ist, ist auf diese Weise nur eine halb qualitative Bestimmung der Fließkurve möglich. Im Prinzip kann aus der Härte statt der Zugfestigkeit auch die Streckgrenze als Maß für die absolute Höhe der Fließspannung bestimmt werden [120].
Die Vorgehensweise, aus einer Härtemessung eine Aussage über die Fließkurve zu gewinnen, läßt sich aber weiterentwickeln, indem die Kraft und der Weg des Eindringkörpers kontinuierlich gemessen werden, um auf diese Weise die Fließkurve $k_f(\varphi)$ zu erfassen [121].
In [122] wird eine Modifikation des Eindringversuches beschrieben, bei der gleichzeitig zwei kegelförmige Körper mit unterschiedlicher Geschwindigkeit in das Probenmaterial eindringen. Hierbei soll in erster Linie nicht die Fließkurve, sondern die Dehngeschwindigkeitsempfindlichkeit ermittelt werden.
Ein entscheidender Vorteil der Eindringprüfverfahren besteht darin, daß sie nahezu zerstörungsfrei sind. Es genügt, am zu untersuchenden Werkstoff einen oder einige Eindrücke anzubringen; das für alle anderen Prüfverfahren erforderliche Heraustrennen einer Probe ist oft überflüssig.

2.5.5 Prüfung ungewöhnlicher Werkstoffe

In manchen Fällen wird auf Grund ungewöhnlicher Werkstoffeigenschaften eine bedondere Vorgehensweise bei der Ermittlung der Fließkurve erforderlich. Dies gilt beispielsweise für zwei Gruppen von Werkstoffen, die im folgenden betrachtet werden sollen: superplastische und kompressible Werkstoffe.
Superplastische Werkstoffe sind dadurch gekennzeichnet, daß sie bei Zugbeanspruchung außerordentlich hohe Dehnungen ertragen, ohne sich einzuschnüren oder brechen [123]. Es werden Dehnungen von einigen hundert, in manchen Fällen sogar von vielen tausend Prozent ertragen.

Als Superplastizität soll aber nicht jede plastische Anomalie bezeichnet werden. Kennzeichnend ist vielmehr eine hohe Dehngeschwindigkeitsempfindlichkeit. Es soll gelten

$$\frac{d \ln k_f}{d \ln \dot{\varepsilon}} > 0{,}3$$

Hierin ist $\dot{\varepsilon}$ die Ableitung der Dehnung $\varepsilon = \Delta l/l_o$ nach der Zeit.
Die Superplastizität ist an bestimmte Gefügezustände gebunden, so daß derselbe Werkstoff je nach Vorbehandlung sich superplastisch oder normal verhalten kann. Hierauf soll aber nicht näher eingegangen werden.
Für die Aufnahme von Fließkurven superplastischer Werkstoffe ergibt sich aus dem hohen Umformvermögen, daß z.B. im Zugversuch an genormten Proportionalstäben eine extreme Verlängerung Δl der Probe erreicht wird, was zu experimentellen Schwierigkeiten führen kann; daher empfiehlt sich u.U. die Verwendung nicht genormter kürzerer Proben.
Der für herkömmlichen Werkstoff geltende Einwand gegen den Zugversuch, daß in ihm nicht hinreichend hohe Umformgrade erreicht werden, entfällt für superplastische Werkstoffe, damit entfallen auch die Gründe, die andernfalls zugunsten des Stauchversuches sprechen. Eher ist der Torsionsversuch interessant, da in ihm die Umformgeschwindigkeit konstant bleibt.

Die Umformgeschwindigkeit ist, wie erwähnt, von entscheidender Bedeutung für superplastische Umformung, i.allg. soll sie extrem niedrig sein ($\dot{\varphi} \sim 10^{-1} \ldots 10^{-5}\ s^{-1}$). Demnach ist im Torsionsversuch die Verwendung extrem langer, dünner Proben bei niedriger Drehzahl zweckmäßig, vgl. Gl.(53).
Eine spezielle DIN-Norm zur Aufnahme der Fließkurven superplastischer Werkstoffe existiert bis jetzt nicht.
Bei den im folgenden betrachteten kompressiblen Werkstoffen ist speziell an nicht vollständig verdichtete Pulvermetalle gedacht; ansonsten wird im Rahmen der Arbeit stets Volumenkonstanz vorausgesetzt. Für kompressible Werkstoffe reicht die Bestimmung eines Zusammenhanges der Form $k_f = k_f(\varphi)$ zur Beschreibung des plastischen Verhaltens nicht aus. Als zusätzlicher Parameter ist die Dichte (oder die auf die maximale

Dichte des vollständig verdichteten Werkstoffes bezogene relative Dichte) zu berücksichtigen. Die üblicherweise verwendeten Fließkriterien nach v. Mises oder Tresca reichen für die Beschreibung des Werkstoffverhaltens und für seine Kennzeichnung durch Versuche nicht aus. Es ergibt sich die Forderung, nicht einfach eine Fließkurve $k_f(\varphi)$, sondern ein Stoffgesetz unter Berücksichtigung des Einflusses der (relativen) Dichte zu formulieren und zu seiner Bestimmung entsprechende Versuche durchzuführen.

Eine Übersicht über in der Literatur angegebene Stoffgesetze für kompressible Werkstoffe und Prüfverfahren zu ihrer Bestimmung finden sich in [124] zusammen mit einer Aufstellung der Forderungen, denen ein Prüfverfahren für kompressible Werkstoffe nach Möglichkeit genügen sollte. Auf Grund dieser Forderungen wurden in [124] folgende Versuche durchgeführt: einachsiges und ebenes Stauchen, Verdichten in einer geschlossenen Matrize, Verdichten unter rein hydrostatischem Druck, einachsiger Zugversuch, Zugversuch mit Querdruck. Auf Grund der Ergebnisse wird empfohlen, zweckmäßig zwei Versuche zur Ermittlung des Fließverhaltens von Sintermetallen durchzuführen, nämlich den Stauchversuch und den hydrostatischen Verdichtungsversuch.

Weitere Angaben zum Fließkriterium von Pulvermetallen finden sich in [125].

In der Praxis wird auf Grund seiner Einfachheit oft auch der Zugversuch zur Prüfung von Pulvermetallen eingesetzt, wobei aus den erwähnten Gründen keine vollständige Information über das Stoffgesetz erhalten wird.

Eine Din-Norm zur Erfassung des plastischen Verhaltens von Sintermetallen existiert bis jetzt nicht.

3 Kritischer Vergleich der Methoden

3.1 Überblick

Im folgenden sollen die drei Grundversuche und die Sonderverfahren unter einheitlichen Gesichtspunkten miteinander verglichen werden. Dabei kann teilweise zurückgegriffen werden auf Angaben, die in den vorhergehenden Abschnitten verstreut sind; dort sind auch - was hier nicht wiederholt werden soll - verschiedene Ausführungsformen der einzelnen Versuche diskutiert worden. Außerdem finden sich ähnliche vergleichende Betrachtungen in zahlreichen Literaturarbeiten, s. z.B. [1, 8, 19, 25 bis 27, 98, 99, 108, 126 bis 128].
Der Vergleich beschränkt sich auf die Methoden zur Aufnahme der Fließkurven an massiven Proben; die Besonderheiten der Prüfung von dünnen Blechen werden in Kap. 4 behandelt. Für den Vergleich der verschiedenen Methoden lassen sich vor allem folgende Kriterien heranziehen:

1) die Genauigkeit bzw. die Fehlermöglichkeiten. Hierzu kann auch formal die Unsicherheit des Fließkriteriums gerechnet werden, die bei allen Versuchen außer dem Zugversuch in die berechnete Fließkurve eingeht.

2) die erreichbaren Wertebereiche für Umformgrad und Umformgeschwindigkeit;
3) der Aufwand für Probenherstellung, Versuchsdurchführung und Versuchsauswertung (letzerer ist allerdings heute wegen des allgemein üblichen Rechnereinsatzes kein wesentliches Hindernis); in diesen Zusammenhang gehört auch die Frage der Verfügbarkeit der jeweils erforderlichen Prüfmaschine;
4) die Möglichkeit, an bestehende Normen anzuknüpfen (dies ist in erster Linie ein "historisch bedingtes" Argument, das nur gilt, solange die Gültigkeit der Normen nicht auf Grund neuerer Erkenntnisse relativiert wird);
5) mögliche Beschränkungen der Probenahme auf Grund der Abmessungen des Probematerials und der Proben;

6) die Simulation der Bedingungen technischer Umformverfahren durch das jeweilige Prüfverfahren. Hierzu gehören neben entsprechenden Werten für Umformgrad, Umformgeschwindigkeit und Temperatur auch die Mehrachsigkeit des Formänderungs- und Spannungszustandes sowie die hydrostatische Spannung. Im folgenden werden zunächst in Abschnitt 3.2 die drei Grundversuche - Zug, Stauchen und Torsion - miteinander verglichen. Dabei wird angenommen, daß keine extremen Werte für Umformgrad oder Umformgeschwindigkeit gefordert sind. Anschließend werden in Abschnitt 3.3 die in Abschnitt 2.5 beschriebenen Sonderverfahren im Vergleich zu den Grundversuchen betrachtet.

3.2 Die drei Grundversuche

In Tab. 6 wurde versucht, die drei Grundversuche nach einheitlichen Bewertungskriterien zu vergleichen. Dabei werden die verschiedenen Ausführungsformen eines einzelnen der drei Versuche jeweils pauschal zusammengefaßt; zur Bewertung dieser Ausführungsformen finden sich bereits Angaben in den vorhergehenden Kapiteln.
Im folgenden sollen die Angaben aus Tab. 6 erläutert bzw. ergänzt werden.

Zu Kriterium 1) -Fehler-: Fehlermöglichkeiten im Zugversuch wurden z.B. in [129 bis 134] untersucht. Zu den Fehlern im weiteren Sinne gehört auch die Auswirkung der Unsicherheit des Fließkriteriums beim Umrechnen vom Stauch- oder Torsionsversuch auf den einachsigen Zugversuch. Weiterhin gehört hierhin auch der Effekt des Unterschiedes im hydrostatischen Druck zwischen Zug- und Stauchversuch auf die Fließspannung für gegebenen Vergleichsumformgrad. Dieser Effekt ist aber gering [3]; nur bei überlagertem hohem hydrostatischem Druck ändert sich die Fließspannung merklich.
Zu Kriterium 2) -Wertebereich für φ und $\dot{\varphi}$ - sei darauf hingewiesen, daß der Zugversuch nur bei der Vorgehensweise nach Siebel und Schwaigerer (vgl. Abschnitt 2.1.2) die Bestimmung der Fließkurve bis zu höheren Umformgraden ermöglicht, demnach

Tab.6: Bewertung der drei Grundversuche nach einheitlichen Kriterien (wichtige Erläuterungen im Text)

Versuch	Kriterium					
	1) Wichtige Fehler	2) Wertebereich für φ und $\dot{\varphi}$	3) Aufwand	4) Normung	5) erschwerte Probenahme	6) Simulation technischer Umformung
Zugversuch (strengere Ausführung, vgl. Text)	Schwankungen des Durchmessers; Messung des Konturradius ρ; Biegung	sowohl für φ wie für $\dot{\varphi}$ beschränkt	mittel	DIN 50125 "Zugproben"; DIN 50145 "Zugversuch" (für $\varphi \leq \varphi_g$); DIN 51221 "Zugprüfmaschinen"	ja, wegen großer Abmessungen	ja
Stauchversuch	Stauchwegmessung; Reibung; Fließkriterium; Biegung/ Knicken	für φ groß, für $\dot{\varphi}$ evtl. groß aber $\dot{\varphi}$ ist nicht konstant	unterschiedlich (vgl. Tab.3)	DIN 50106 "Druckversuch" enthält nur "Rahmenbedingungen" DIN 51223 "Druckprüfmaschinen"	nein	ja
Torsionsversuch	Anisotropie; Fließkriterium (geht aber nicht ein n und m)	sowohl für φ wie für $\dot{\varphi}$ groß	groß	nein	nein	ja

steht nur diese Variante des Zugversuches in Konkurrenz zu den anderen Prüfverfahren, speziell zum Stauchversuch. Der Zugversuch nach Siebel und Schwaigerer wird aber i.allg. nur bei Raumtemperatur ausgeführt, da das Ausmessen der Probenkontur in einem Ofen schwierig wäre.
Im Torsionsversuch kann zwar ein hoher Umformgrad erreicht werden, dieses Ergebnis ist jedoch nur zusammen mit einem einachsigen Versuch nutzbar, weil in die Berechnung der Fließkurve die Unsicherheit des Fließkriteriums eingeht.
In diesem Zusammenhang muß auch die Frage erörtert werden, ob die Fließkurve bis zu höheren Umformgraden bestimmt werden kann, wenn bei einem der Grundversuche vorverfestigtes Probematerial mit bekanntem Umformgrad eingesetzt wird, wie im Zugversuch an kaltgewalztem Material, s.B. [8].

Diese Thematik wurde schon in Abschnitt 2.2.3 am Beispiel des Stauchversuches diskutiert. In dem dort beschriebenen speziellen Fall wurden unbrauchbare Ergebnisse erhalten auf Grund der Querschnittsverwölbung beim Fließpressen. Selbst wenn aber von dieser Besonderheit abgesehen wird, scheint die Verwendung von vorverfestigtem Material nur sinnvoll, wenn die Vorverfestigung in der gleichen Richtung erfolgt wie die Verformung in der zweiten Stufe des Versuches. Andernfalls kann die Richtungsumkehr die ermittelte Fließkurve verfälschen, wobei neben dem Bauschingereffekt zusätzlich die Möglichkeit von Alterungseffekten zwischen den beiden Stufen des Versuches zu berücksichtigen ist.

Es braucht demnach nur noch die Ausführung der Grundversuche als "Stufenversuche" betrachtet werden. Diese Bezeichnung ist allerdings nicht ganz eindeutig, da zuweilen auch ein Versuch, der lediglich zur Ablesung von Probenabmessungen unterbrochen wird, als Stufenversuch bezeichnet wird. Hier ist aber mit dem Wort Stufenversuch ausschließlich die Vorgehensweise gemeint, bei welcher eine Unterbrechung des Versuches dazu dient, wieder eine zylindrische Probenform herzustellen, um so den Fehler durch dreiachsigen Formänderungszustand zu unterdrücken und evtl. auch den Wertebereich für den Umformgrad, in welchem die Fließkurve ermittelt wird, zu erhöhen. So wird beispielsweise im Stufenstauchversuch (vgl. Abschnitt 2.2.3) durch spanende Bearbeitung die zylindrische Probenform wiederhergestellt.

Demgegenüber wurde bei dem in [135] beschriebenen "Stufenzugversuch" die schon eingeschnürte (aber noch nicht gebrochene) Zugprobe ausgespannt, und durch plastische Verformung der nicht eingeschnürten Zone die Einschnürung unterdrückt, wobei allerdings keine strenge Zylinderform erreicht wurde.

Beim Torsionsversuch erübrigt sich die Durchführung von Stufenversuchen, da sich die Probengeometrie während der Verformung praktisch nicht ändert.

Der allgemeine Nachteil von Stufenversuchen ist neben dem enormen Versuchsaufwand die Möglichkeit einer fehlerhaften Bestimmung des in der ersten Stufe erreichten Umformgrades, wozu auch die elastische Verformung der Prüfeinrichtung beiträgt, sowie die Möglichkeit einer Alterung des Werkstoffes während der Unterbrechung. Zu den Vorteilen zählt die bei erhöhten Umformgeschwindigkeiten wichtige Abkühlung der Probe während der Unterbrechung, wodurch die isothermische Fließkurve besser angenähert werden kann.

Zu Kriterium 3) -Aufwand- sei festgestellt, daß die Berechnung der Fließkurve aus den im Zugversuch gemessenen Kennwerten Gleichmaßdehnung und Zugfestigkeit gemäß Gl.(13) und (14), vgl. Abschnitt 2.1.3, von allen Methoden den geringsten Aufwand verursacht. Hierbei muß die Ludwik'sche Gl.(12) für die Fließkurve vorausgesetzt werden. Die Unsicherheit dieser Annahme wird nicht überprüft und stellt deshalb eine Hauptfehlerquelle dar. Solange aber diese Unsicherheit keinen allzu großen Fehler verursacht, besteht kein Anlaß zu einer aufwendigeren Vorgehensweise, auch nicht zu einer strengeren Ausführung des Zugversuches wie Zugversuch nach DIN 50145 für $\varphi \leq \varphi_g$, und nach Siebel und Schwaigerer für $\varphi > \varphi_g$. Im günstigsten Fall sind die Gleichmaßdehnung und die Zugfestigkeit schon vom Lieferanten des Probematerials angegeben, so daß ohne jeden eigenen Prüfaufwand eine näherungsweise Angabe der Fließkurve möglich ist. Diese Vorgehensweise ist aller-

dings nicht sehr zuverlässig, da die gemessene Gleichmaßdehnung nur in grober Näherung gleich dem Verfestigungsexponenten ist [16].
In Tab.6 ist angenommen, daß Gl.(12) nicht ungeprüft vorausgesetzt werden darf. Dann ist eines der aufwendigeren Prüfverfahren (strengere Ausführung des Zugversuches, Stauch- oder Torsionsversuch) angebracht. Unter dieser Voraussetzung dürften der Zylinderstauchversuch mit Haftreibung und der Flachstauchversuch diejenigen Methoden sein, die den geringsten Aufwand erfordern.

Zu Kriterium 4) -Normung- wurde ausschließlich die DIN berücksichtigt. Darin - wie auch in ausländischen Normen - ist der Zugversuch eindeutig bevorzugt. Die in Tab. 6 angegebenen Normen legen den Zugversuch bis in viele Einzelheiten fest (vor allem für $\varphi \leq \varphi_g$); zusätzlich zu diesen Normen gelten besondere Normen für den Zugversuch an speziellen Werkstoffen wie z.B. Gußwerkstoffen, die aber aus der Sicht der Umformtechnik weniger wichtig sind.
Demgegenüber lassen die Normen für den Stauchversuch einen erheblichen Spielraum, besonders in Bezug auf Gestalt und Größe der Proben.
Die bis in die Einzelheiten gehende Normung des Zugversuches ist eine Folge davon, daß dieser Versuch herkömmlicherweise am häufigsten durchgeführt wird. Dies liegt auch daran, daß im Zugversuch wegen der Querschnittsabnahme der Probe relativ kleine Kräfte benötigt werden.
Als Folge seiner weitverbreiteten Anwendung ist der Zugversuch gründlicher untersucht worden als die anderen Grundversuche. Forschungsarbeiten neueren Datums, die den Zugversuch zum Gegenstand haben, konzentrieren sich auf den Einschnürvorgang und den Bruch.
Eine weitere Folge der verbreiteten Anwendung des Zugversuches und seiner strenggefaßten Normung ist der Vergleich zu den anderen Grundversuchen häufigere Rechnereinsatz bei der Versuchsdurchführung und -auswertung, s. z.B.[136, 137]. Inzwischen geht der Trend dahin, auch den Versuch selbst mit

numerisch gesteuerten Prüfmaschinen durchzuführen, s. z.B. [133]. Dies ist aber kein primäres Bewertungskriterium zugunsten des Zugversuches im Vergleich zu den anderen Grundversuchen, sondern eine sekundäre Erscheinung als Folge der häufigen Anwendung des Versuches.
Zu Kriterium 5) -Simulation technischer Umformverfahren- sei festgestellt, daß jeder der drei Grundversuche gewisse Eigenschaften technische Umformvorgänge simuliert. Deshalb ist dieses Kriterium am wenigsten geeignet für eine allgemeingültige Entscheidung zugunsten eines der drei Versuche; vielmehr wird gerade unter diesem Gesichtspunkt von Fall zu Fall zu entscheiden sein; hierzu s. auch Kap.6.
Es hat somit jeder der drei Versuche ein eigenes Spektrum von Anwendungsmöglichkeiten und von Nachteilen. Dies gilt umso mehr, als auch aus metallphysikalischen Gründen die in einem der Versuche ermittelte Fließkurve nicht streng mit den Ergebnissen der anderen Versuche übereinstimmen kann [27].

Immerhin scheint aus der Sicht der Umformtechnik der Stauchversuch in vielen Fällen besonders vorteilhaft zu sein [138], auch wenn, wie in [128] bestont wird, oft der Zugversuch ausreicht.

Abschließend sei noch einmal erwähnt, daß in der vorliegenden Arbeit Fragen der Meßtechnik, der Instrumentierung und der Prüfmaschinen weitgehend außer Acht gelassen wurden. Einige Angaben zu diesem Themenkreis finden sich in [139 bis 141].

3.3 Zu den Sonderprüfverfahren

Die Bedeutung der in Abschnitt 2.5 beschriebenen Sonderverfahren ergibt sich einerseits daraus, daß in den Grundversuchen extreme Werte für Umformgeschwindigkeit oder Umformgrad nicht oder nur mit Hilfe zusätzlicher Vorrichtungen realisiert werden können. So lassen sich im Prinzip alle drei Grundversuche bei extremer Umformgeschwindigkeit durchführen,

wenn statt einer konventionellen Prüfeinrichtung z.B. eine entsprechend modifizierte Hopkinson-Anordnung verwendet wird; desgleichen ist es möglich, jeden der drei Versuche bei überlagertem hydrostatischem Druck durchzuführen.
Die Sonderprüfverfahren bei extremer Umformgeschwindigkeit oder extremen Umformgrad (d.h. bei überlagerten hydrostatischer Spannung) stehen demnach nicht in Konkurrenz zu den drei Grundversuchen, sondern erweitern deren Anwendungsmöglichkeiten.
Da die genannten Sonderverfahren mit erheblichem Versuchsaufwand verbunden sind, werden sie in erster Linie dann zum Einsatz kommen, wenn es darum geht, entsprechende Bedingungen technischer Umformvorgänge zu simulieren, oder für reine Grundlagenexperimente.
Andererseits ist die zweite Gruppe der in Abschnitt 2.5 beschriebenen Verfahren, d.h. die Eindringprüfverfahren, vor allem dann von Bedeutung, wenn die Probenahme für einen der drei Grundversuche schwierig ist.
Allgemein dürfte die bei den Sonderverfahren erreichbare Genauigkeit geringer sein als bei den Grundversuchen, zumindest beim Zug- oder beim Stauchversuch; die erwähnten Gründe sprechen dennoch in bestimmten Fällen für eines der Sonderverfahren.
Ergänzende Angaben zur Bewertung der einzelnen Prüfverfahren finden sich in Abschnitt 4.8.

4 Ermittlung der Fließkurven von Blechwerkstoffen

4.1 Zur Besonderheit von Blechwerkstoffen

Im folgenden wird die Aufnahme der Fließkurven an dünnen Blechen betrachtet. Dabei treten mit abnehmender Blechdicke einige Besonderheiten der Blechwerkstoffe im Vergleich zu massivem Probematerial zunehmend in den Vordergrund:

1) Zumindest bei dünnen Blechen ist die Herstellung von axialsymmetrischen Rundproben nach DIN 50125 unmöglich. Deshalb, und weil auch bei etwas dickeren Blechen die Herstellung von Flachproben einfacher ist, wird der Flachzugversuch durchgeführt. Im Flachzugversuch kann aber die Fließkurve nur im Bereich der Gleichmaßdehnung ermittelt werden, denn ein Ausmessen des Einschnürvorganges analog zur Vorgehensweise von Siebel und Schwaigerer beim Zugversuch an Rundstäben (Abschnitt 2.1.2) wäre sehr schwierig oder kaum möglich, zumal die Einschnürung i.allg. nicht senkrecht zur Probenachse verläuft, s. z.B. [142]. Daher kann die Fließkurve im Flachzugversuch nur für relativ niedrige Umformgrade ermittelt werden. Dies reicht aus, wenn der bei niedrigen Umformgraden ermittelte Verlauf der Fließkurve zu höheren Umformgraden extrapoliert werden kann, also beispielsweise, wenn für die Fließkurve die Ludwik-Gl.(12) vorausgesetzt werden kann; Gl.(12) kann aber z.B. bei höherlegierten Stählen nicht vorausgesetzt werden.
Nähere Angaben zum Flachzugversuch finden sich in Abschnitt 4.2.

2) Die Umformung von Blechen, speziell von dünnen Blechen, erfolgt i.allg. bei Raumtemperatur, so daß die Fließkurve hauptsächlich bei Raumtemperatur interessiert.

3) Blechwerkstoffe haben i.allg. andere Eigenschaften senkrecht zur Blechoberfläche als in der Blechebene (senkrechte Anisotropie); zudem besteht meist auch eine Richtungsabhängigkeit in der Blechebene (ebene Anisotropie). Die Anisotropie spielt in der Blechumformung i.allg. eine größere Rolle als in der Massivumformung. Daher sind die

Methoden zur Aufnahme von Fließkurven an Blechwerkstoffen stets auch danach zu beurteilen, wie sie von der Anisotropie beeinflußt werden und ob sie zusammen mit der Fließkurve auch eine Information über die Anisotropie bzw. die Fließortkurve liefern.

4) Mit abnehmender Blechdicke steigt die relative Bedeutung der Oberflächenphänomene im Verhältnis zu den Volumenphänomenen. Dies gilt zunächst für die Reibung während der Umformung, darüberhinaus aber auch für die Gebrauchseigenschaften des fertigen Werkstücks; dieses Thema überschreitet aber den Rahmen der vorliegenden Arbeit.

Es werden im folgenden Blechwerkstoffe im Dickenbereich unterhalb etwa 3 mm betrachtet. Dabei ist als untere Grenze einige Zehntel mm angenommen. Zur Prüfung von dünnen Folien im Dickenbereich unterhalb 0,1 mm finden sich einigen Angaben in [143].

4.2 Flachzugversuch

Der Flachzugversuch ist in DIN 50114 [144] genormt. Er wird im Bereich der Blechdicke von < 3 mm durchgeführt; darüberhinaus wird nach DIN 50114 auch bei Blechen, Bändern oder Streifen mit einer Nenndicke s_o > 3 mm der Zugversuch mit einer Flachzugprobe Form E (oder G) nach DIN 50125 durchgeführt. Während beim Zugversuch an massiven Rundstäben ausschließlich proportionale Proben genormt sind, läßt DIN 50114 für Blechwerkstoffe mit einer Dicke unter 3 mm zwei verschiedene Arten von Proben mit jeweils zwei verschiedenen Breiten (b=20mm und b=12,5mm) zu:

- nicht proportionale Flachproben mit Köpfen:
  Flachprobe DIN 50114 20x80 (große ISO-Flachprobe), s.Bild 29a;
  Flachprobe DIN 50114 12,5x50 (kleine ISO-Flachprobe);

- proportionale Flachproben mit Köpfen, s.Bild 29b.

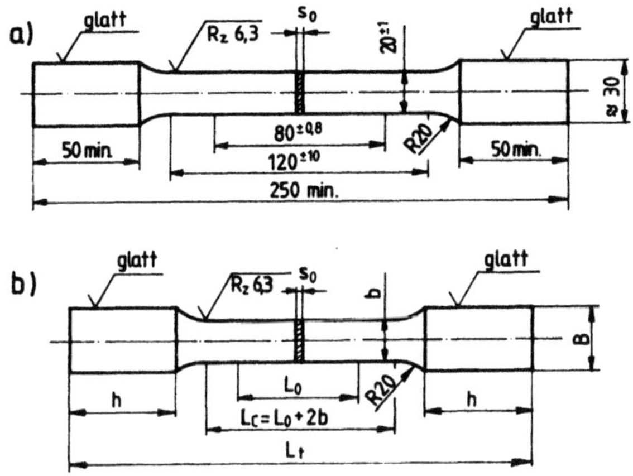

Bild 29: a) Nichtproportionale Flachprobe mit Köpfen
Probenbreite b = 20 mm (große ISO-Flachprobe);
b) Proportionale Flachprobe mit Köpfen.

Es ist üblich, beispielsweise die nicht proportionale Flachprobe mit Köpfen, Breite b=20 mm, Meßlänge L_o = 80 mm, als "Flachprobe DIN 50114 20x80" zu bezeichnen. Entsprechend wird z.B. die proportionale Flachprobe mit Köpfen, Probenbreite b=20 mm, Anfangsmeßlänge L_o = 50 mm, als "Flachprobe DIN 50114 20x50 bezeichnet.
Als Standardprobe kann die nichtproportionale Flachprobe 20x80 DIN 50114 angesehen werden.
Bei der Festlegung der Anfangsmeßlänge für die proportionalen Flachproben wurde von der Überlegung ausgegangen, vergleichbare Bedingungen wie bei den proportionalen Rundproben zu schaffen. Bei diesen Proben gilt:

$$\frac{L_o}{2r_o} = 5 \text{ bzw. } 10 \qquad (73)$$

Mit $A_o = \pi r_o^2$ kann hierfür auch geschrieben werden:

$$\frac{L_o}{2\sqrt{\frac{A_o}{\pi}}} = 5 \text{ bzw. } 10 \qquad (74)$$

Für Flachproben wird $A_o = s_o\, b$ gesetzt, so daß aus (74) folgt

$$\frac{l_o}{\sqrt{s_o\, b}} = \frac{5 \cdot 2}{\sqrt{\pi}} \approx 5{,}65 \quad \text{bzw.} \quad \frac{10 \cdot 2}{\sqrt{\pi}} \approx 11{,}3 \qquad (75)$$

Damit ergeben sich die Faktoren 5,65 bzw. 11,3 in Tab.7 und 8.

Tab.7: Abmessungen der proportionalen Flachproben DIN 50114 (vgl. Bild 29b) in mm.

Probenbreite b	Anfangsmeßlänge L_o	Versuchslänge L_c	Kopfbreite B ≈	Kopflänge h mindestens	Gesamtlänge L_t mindestens
20	$11{,}3 \cdot \sqrt{s_o\, b}$ $5{,}65 \cdot \sqrt{s_o\, b}$	l_o+40	30	50	l_o+170
12,5	$11{,}3 \cdot \sqrt{s_o\, b}$ $5{,}65 \cdot \sqrt{s_o\, b}$	l_o+25	20	35	l_o+115

Nach DIN 50114 soll bei Bestimmungen der Bruchdehnung die Anfangsmaßlänge L_o keineswegs kleiner als 25 mm sein; hieraus folgen (mit 75) für proportionale Proben die in Tab.8 angegebenen zulässigen Nenndickenbereiche. Dieses Kriterium ist zwar nicht maßgeblich, wenn ausschließlich die Fließkurve $k_f(\varphi)$ bestimmt werden soll; es sollte aber aus Gründen der Vergleichbarkeit dennoch beachtet werden.

Da DIN 50114 die Wahl zwischen proportionalen und nichtproportionalen Proben offenläßt, erfolgt die Festlegung des zweckmäßigsten Probentyps in vielen Fällen auf Grund von Angaben in Gütenormen, wie z.B.:

1) DIN 1614, Teil 1.Flachzeug aus Stahl, warmgewalztes Band und Blech aus weichen unlegierten Stählen. Gütevorschriften. September 1974;

2) DIN 1623, Teil 1.Flachzeug aus Stahl. Kaltgewalztes Band und Blech aus weichen unlegierten Stählen. Gütevorschriften. November 1972;

Teil 2. Feinblech aus unlegierten Stählen, Feinblech aus all-

Tab.8: Anwendungsbereich der Probenformen zur Ermittlung der Bruchdehnung nach DIN 50114 (Maße in mm).

Probenbreite b	Anfangsmeßlänge L_o	Formelzeichen für die Bruchdehnung	Anwendung im Bereich der Nenndicke von bis	unter
20	80	$A_{L=80}$	0,20	3
12,5	50	$A_{L=50}$	0,20	3
20	$11,3\sqrt{s_o \cdot b}$	A_{10}	0,24	3
20	$5,65\sqrt{s_o \cdot b}$	A_5	0,98	3
12,5	$11,3\sqrt{s_o \cdot b}$	A_{10}	0,35	3
12,5	$5,65\sqrt{s_o \cdot b}$	A_5	1,56	3

gemeinen Baustählen. Gütevorschriften. Januar 1961;
3) DIN 1624.Flachzeug aus Stahl. Kaltgewalztes Band in Walzbreiten bis 650 mm aus weichen unlegierten Stählen.Gütenormen. Juli 1977;
4) Stahl-Eisen-Werkstoffblatt 092: Warmgewalzte Feinkornstähle zum Kaltumformen.Gütevorschriften.1.Ausgabe. September 1975;
5) Stahl-Eisen-Werkstoffblatt 093: Kaltgewalztes Feinblech und Band mit gewährleisteter Mindeststreckgrenze zum Kaltumformen. Gütevorschriften. 1.Ausgabe. September 1975.

Aus den Angaben in diesen Gütenormen folgt, daß als Standardprobe die nichtproportionale Flachprobe DIN 50114-20x80 anzusehen ist. Demgegenüber sind bei Nichteisenmetallen auf Grund der entsprechenden Gütenormen i.allg. proportionale Proben erforderlich.

Im übrigen ist L_o stets auf volle Millimeter aufzurunden.

Ähnlich wie beim Zugversuch an Rundstäben spielt die Fertigungstoleranz bei der Probenherstellung eine große Rolle; Schwankungen des Probenquerschnittes wirken sich empfindlich auf die Gleichmaßdehnung aus [16].

Die Versuchsauswertung beim Flachzugversuch, soweit sie ausschließlich die Ermittlung der Fließkurve zum Ziel hat, erfolgt in Analogie zum Zugversuch an Rundstäben, vgl. Abschnitt 2.1. In vielen Fällen interessieren aber nicht der genaue Verlauf der Fließkurve und die absolute Höhe der Fließspannung, sondern es soll lediglich der n-Wert bestimmt werden - die Ludwik'sche Gl.(12) sei vorausgesetzt. Für diesen Zweck wäre es im Prinzip möglich, den n-Wert aus der Gleichmaßdehnung zu ermitteln analog zum Zugversuch an Rundstäben, vgl. Abschnitt 2.1.3. Da aber, wie erwähnt, die Gleichmaßdehnung durch kleine Schwankungen der Probenbreite empfindlich beeinflußt wird und da sie zudem von der Dehngeschwindigkeitsempfindlichkeit des Werkstoffes abhängt [145], wird eine etwas strengere Vorgehensweise bevorzugt, s.z.B. [146]. Hierbei wird der n-Wert aus zwei Punkten des gemessenen Kraft-Weg-Verlaufes berechnet. Aus Gl.(12) kann die Beziehung abgeleitet werden

$$n = \frac{\ln\frac{(1+\varepsilon_2)}{(1+\varepsilon_1)} + \ln\left(\frac{F_2}{F_1}\right)}{\ln\frac{\ln(1+\varepsilon_2)}{\ln(1+\varepsilon_1)}} \tag{76}$$

Hierin bedeutet F_1 und F_2 die gemessenen Kraftwerte bei den Dehnungen ε_1 und ε_2 mit $\varepsilon = \Delta L/L_o$.

Für die Dehnungen ε_1 und ε_2 werden Werte unterhalb der Gleichmaßdehnung gewählt. Dabei können auch zwei jeweils nahe beieinander liegende Werte gewählt werden, um den n-Wert in Abhängigkeit vom Umformgrad zu ermitteln (n ist z.B. für austenitische Stähle stark veränderlich). Es fragt sich aber, ob es in diesem Fall nicht zweckmäßiger wäre, die Fließkurve k_f (φ) expliziert anzugeben, und den Begriff des n-Wertes nur anzuwenden, wenn n wirklich eine Konstante ist.

Daß überhaupt bei Blechen der n-Wert nicht wie bei massiven Proben in grober Näherung über die Gleichmaßdehnung bestimmt wird, liegt auch daran, daß der n-Wert in der Blechumformung eine größere Bedeutung hat als in der Massivumformung und deshalb genauer bestimmt werden soll.

In [147] wurde ein vereinfachtes Verfahren zur Ermittlung des n-Wertes im Zugversuch beschrieben, wobei durch Verwendung spezieller Proben (Bild 30) der Experimentieraufwand verringert wird. Die Probe hat abschnittsweise eine unterschiedliche Breite. Auf jedem der beiden Abschnitte wird eine Meßlänge markiert. Dann genügt es zur Bestimmung von n, die Probe einmal um einen bestimmten Betrag zu dehnen.

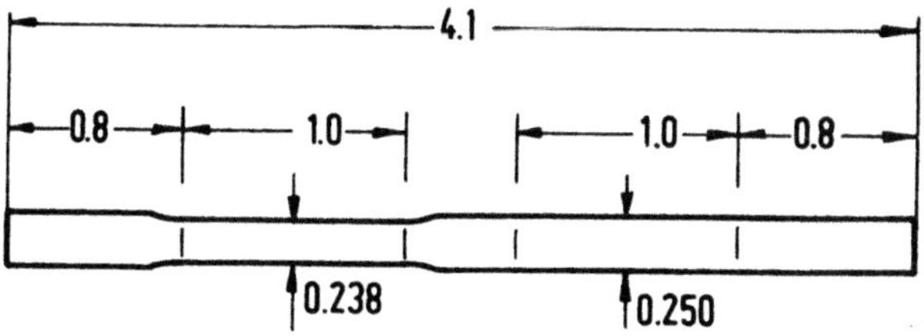

Bild 30: Flachzugprobe für die n-Wert-Bestimmung nach [147] (Abmessungen in inch).

Abschließend sei zum Flachzugversuch angemerkt, daß in diesem Versuch auch die Anisotropie-Kennwerte ermittelt werden können, s.Kap.5; zudem wird durch die im Flachzugversuch gemessene Bruchdehnung(und ggf. auch die Brucheinschnürung) ein Maß für das Formänderungsvermögen des Werkstoffes bestimmt.

4.3 Versuche mit ebener Formänderung

Da bei vielen Verfahren der Blechumformung ebene Formänderungszustände auftreten, erscheint es vorteilhaft, die Aufnahme von Fließkurven unter vergleichbaren Bedingungen durchzuführen. Hierfür gibt es verschiedene Vorgehensweisen: den

Flachzugversuch mit unterdrückter Querkontraktion, den Flachstauchversuch und den Biegeversuch.
Der Flachzugversuch mit behinderter Querkontraktion wurde in [148] beschrieben.
Es werden kurze Flachzugproben mit tiefen, breiten Kerben verwendet, s.Bild 31, so daß in der Probenmitte zwischen den Kerben nur eine geringe Querkontraktion in Blechebenenrichtung erfolgt. Dies wurde durch Ausmessen der Verzerrungen eines auf der Probe aufgebrachten Liniennetzes bestätigt. Der Wert des Versuches besteht darin, daß er bei anisotropen Werkstoffen ein anderes Ergebnis als der gewöhnliche Flachzugversuch liefert, woraus eine Aussage über die senkrechte Anisotropie abgeleitet werden kann (s.a. Kap.5).
In dem schon in Abschnitt 2.2.6 beschriebenen Flachstauchversuch lassen sich höhere Umformgrade erreichen als im Flachzugversuch. Dabei gilt aber eine Einschränkung: die Blechdicke darf nicht zu klein sein, weil sonst die Dickenabnahme (und damit der Umformgrad) nicht hinreichend genau ermittelt wird.
Im übrigen besteht kein Unterschied zwischen dem Flachstauchversuch an Proben aus Blechen und an Proben, die aus massivem Rundmaterial herausgearbeitet wurden.

Der Biegeversuch ist in [8] untersucht worden. Der Versuch hat wenig praktische Bedeutung erlangt, da er durch einen komplizierten, inhomogenen Formänderungs- und Spannungszustand gekennzeichnet ist. Bei der Auswertung des Biegeversuches werden i.allg. einige vereinfachende Annahmen gemacht:
- keine Querkräfte;
- einachsiger Spannungszustand in Richtung quer zur Biegeachse;
- lineare Verteilung der Dehnungen über den Querschnitt mit gleich großen Dehnungen an der Außen- und Innenseite der gebogenen Probe;
- Zugspannung am äußeren Rand gleich Druckspannung am Innenrand.

Da die im Biegeversuch ermittelte Fließspannung z.T.erheblich niedriger als die aus dem Flachzugversuch ist, ist der Biegeversuch für die Aufnahme von Fließkurven wenig geeignet; eher noch kann er als technologisches Prüfverfahren zur Simulation technischer Biegeumformung angesehen werden.

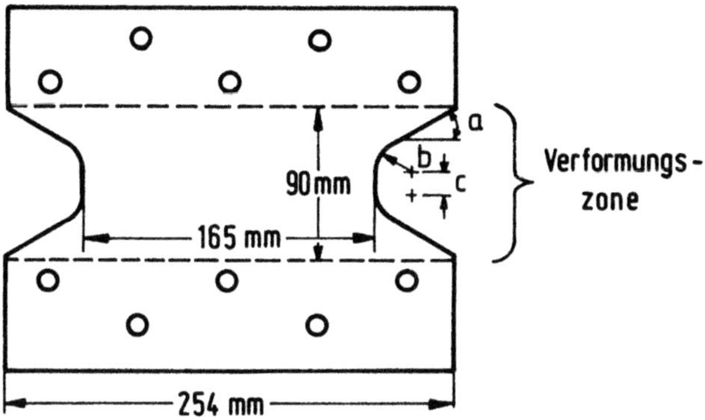

Bild 31: Flachzugprobe mit behinderter Querkontraktion zur Erzeugung ebener Formänderung [148]. Für die Maße a,b und c wurden als zweckmäßige Werte ermittelt: a,b = c = 12,7 mm. Für diese Maße ergibt sich eine sehr ausreichende Zone mit ebener Formänderung. Um aber neben einer möglichst ausgedehnten Zone mit ebener Formänderung auch einen hohen Umformgrad bis zum Bruchbeginn zu erhalten, wurde in [148] die Geometrie gewählt: b = 68,4 mm, c = o (eine Angabe von a erübrigt sich in diesem Fall).

4.4 Hydraulischer Tiefungsversuch (bulge-test)

Neben den schon beschriebenen Versuchen sind andersartige Verfahren zur Aufnahme der Fließkurve an Blechwerkstoffen angegeben. Hierzu gehört z.B. das Stauchen von aufgeschichteten dünnen Blechen [149] und das Stauchen hochkant gestellter Blechproben mit seitlicher Abstützung [150]. Aber nur der hydraulische Tiefungsversuch [151 bis 156] hat bisher eine größere Verbreitung gefunden.

Bei diesem Versuch wird eine Blechronde längs ihres Umfanges eingespannt und auf einer Seite einem hydraulischen Druck ausgesetzt, s.Bild 32. Das Blech tieft sich und wird dabei durch reines Streckziehen (zweiachsigen Zug) geformt, da durch die Einspannung kein Nachfließen möglich ist. Die Tiefung hat somit eine Blechdickenabnahme zur Folge.
Zur Bestimmung der Fließkurve müssen die Blechdicke s, der Krümmungsradius der Beule und der Druck p ermittelt werden. Statt der Blechdicke s kann wegen Volumenkonstanz die Umfangsdehnung gemessen werden. Mit einer von Gologranc [153] konstruierten Vorrichtung können Umfangsdehnung und Krümmungsradius kontinuierlich gemessen werden, vgl. Bild 32.

Bei Vernachlässigung der Normalspannung des hydraulischen Druckes besteht in der Kuppe ein zweiachsiger Zugspannungszustand. Die Spannungen können nach der Membrangleichung berechnet werden. Mit der Trescaschen Fließbedingung gilt für die Fließspannung

$$k_f = \frac{p}{2} \left(\frac{\varrho}{s} + 1\right) \quad (77)$$

Für den Vergleichsumformgrad gilt bei der Ausgangsblechdicke s_o:

$$|\varphi| = \ln \frac{s}{s_o} \quad (78)$$

Dabei ist s die Blechdicke, und r der Krümmungsradius (in der Kuppe gemessen); p ist der hydraulische Prüfdruck.

Die Gln. (77), (78) setzen, wie angedeutet, vereinfachende Annahmen voraus. In der Literatur gibt es eine Anzahl davon abweichender Lösungsansätze. Eine vergleichende Übersicht findet sich in [154]. Allgemein gilt, daß für die meisten Auswertungsverfahren drei unabhängige Meßgrößen registriert werden müssen, um die zwei unabhängigen Größen k_f und φ zu bestimmen. Dies bedeutet im Vergleich zu den üblichen Prüfverfahren einen erhöhten Meßaufwand. Zudem liegt die im Tiefungsversuch ermittelte Fließspannung i.allg.über den Werten, die im Flach-

zugversuch erhalten werden. Nach Korrektur auf die senkrechte Anisotropie des Werkstoffes - deren Kenntnis setzt einen Flachzugversuch voraus - wird die Übereinstimmung mit den Ergebnissen des Flachzugversuches teilweise besser [153]; außerdem ist es vorteilhaft, wenn der Platinendurchmesser möglichst groß gegen die Blechdicke ist [156].
Ein Vorteil des Tiefungsversuches im Vergleich zum Flachzugversuch besteht darin, daß im Prinzip unabhängig vom Werkstoff Umformgrade bis zu $\varphi \approx \ln 2 \approx 0{,}7$ erreicht werden kann [155]; in der Praxis wird meist darunter geblieben, um ein Verspritzen des Hydrauliköls zu vermeiden.
Bleche zeigen oft eine starke ebene Anisotropie. Im Zugversuch nimmt man deshalb Fließkurven in Walzrichtung und unter bestimmten Winkeln zur Walzrichtung auf. Im Tiefungsversuch ist eine solche Trennung des Fließverhaltens nicht ohne weiteres möglich.

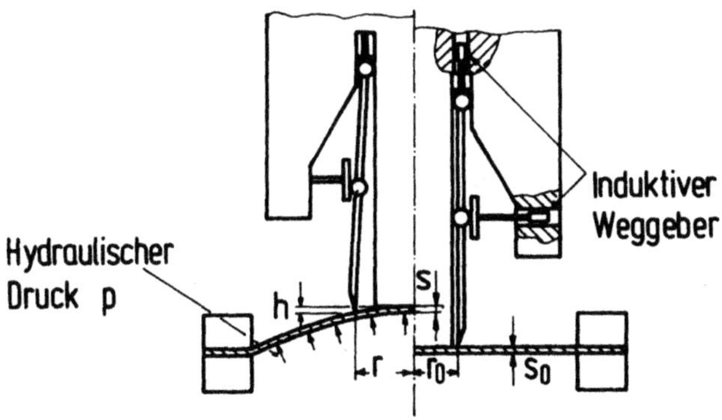

Bild 32: Hydraulischer Tiefungsversuch (schematisch)[153].

4.5 Ebener Torsionsversuch

4.5.1 Prinzip des Versuches

Von Marciniak und Kolodziejski wurde ein Prüfverfahren vorgestellt, um bei Annahme der Ludwikschen Gleichung (12) für die Fließkurve den Verfestigungsexponenten n sowie das Formänderungsvermögen zu ermitteln, wobei eine Scherverformung in der Blechebene auf zylindrischen Flächen um den Mittelpunkt der Anordnung erfolgt [157, 158]. Der Versuch wurde auch in [159, 160] beschrieben.
Bei diesem Versuch werden die Proben auf Schiebung in der Blechebene beansprucht. Dadurch ist die hydrostatische Spannung gleich Null, und somit im Vergleich zum Zugversuch ein erhöhtes Formänderungsvermögen zu erwarten.

Bild 33 zeigt das Prinzip, in Bild 34 ist eine am Institut für Umformtechnik Stuttgart entwickelte Prüfeinrichtung dargestellt, die in eine vorhandene Torsionsmaschine eingesetzt wird. Das durch die Gehäuseöffnung eingelegte Blech wird über ein Kegel-Schraubgetriebe zwischen zentrisch angeordneten Backen eingespannt. Mit Hilfe der Verdrehmaschine werden die inneren Spannbacken relativ zu den äußeren verdreht, und somit die Platine verformt. Dabei werden das Drehmoment und der Drehwinkel gemessen.
Die Aufnahme der vollständigen Fließkurve in diesem Versuch ist bisher in der Literatur offenbar nicht beschrieben worden; wie erwähnt, beschränkt sich die Vorgehensweise von Marciniak et.al. [156,157] auf die Bestimmung des n-Wertes, wobei die Ludwiksche Gl.(12) als gültig vorausgesetzt wird. Der Versuch bietet aber durch den günstigen Spannungszustand (reine Scherung, $\sigma_m = o$) eine hervorragende Möglichkeit, die Fließkurve von Blechen bis zu höheren Umformgraden zu bestimmen, als im Flachzugversuch möglich ist.

In [157,158] wurden schon von Marciniak et al. für ein starrplastisches Werkstoffmodell theoretische Beziehungen für Spannungen und Formänderungen hergeleitet. Sowerby et al.

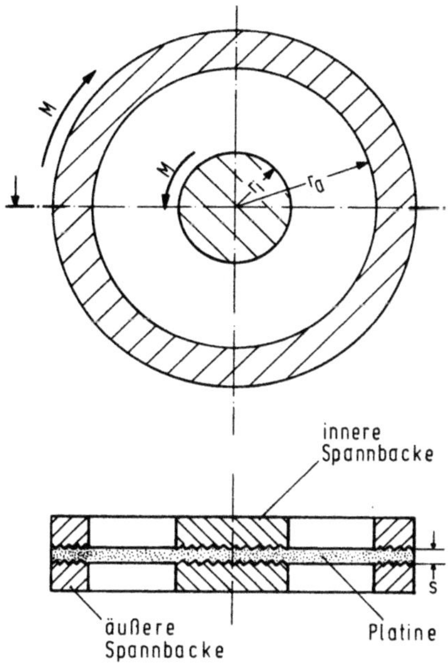

Bild 33: Grundprinzip des ebenen Torsionsversuches.

[159] untersuchten das Problem mit Hilfe einer FEM-Rechnung für ein elastisch-plastisches Werkstoffmodell. Die geringfügigen Unterschiede zwischen den Ergebnissen der aufwendigen FEM-Rechnung und der Berechnung nach Marciniak bestätigen eindeutig die Annehmbarkeit eines starr-plastischen Werkstoffmodells. Die von Marciniak et al. vorgeschlagene Lösung gilt jedoch nicht streng; sie weicht von der im Anhang angegebenen strengeren Lösung maximal um etwa 7 % ab (r_i/r_a = 0,5; n = 0,5). Für $r_i/r_a \rightarrow$ o bzw. n $\rightarrow$ o gehen die beiden Lösungen aufeinander zu (r_i und r_a sind der innere und äußere Radius des nicht eingespannten Teiles der Probe, s.Bild 33). Daher ist die Lösung von Marciniak ein Sonderfall bzw. eine vereinfachte Form der strengeren Lösung [166].

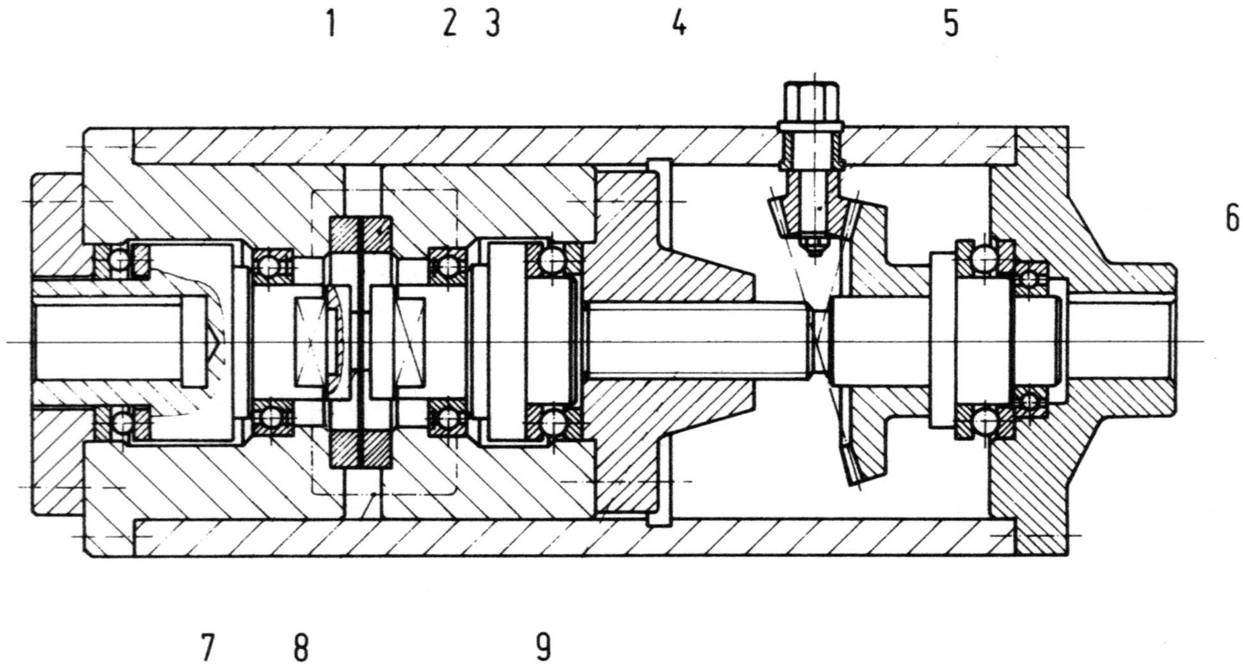

Bild 34: Skizze der am Institut für Umformtechnik gefertigten Einspannvorrichtung für den ebenen Torsionsversuch: 1 Nabe (zum Antrieb), 2 Spannbacke (außen), 3 Blechprobe, 4 Gehäuse, 5 Kegelgetriebe, 6 Flansch (zur Momemtmeßeinrichtung), 7 Spannbacke (innen), 8 Gehäuseöffnung, 9 Schraubgetriebe.

Bei eigenen Versuchen wurde, um die Fließkurve k_f (φ) unabhängig von der Gültigkeit der Ludwik-Gleichung bestimmen zu können, abweichend von den bisher bekannt gewordenen Arbeiten die Drehmoment-Drehwinkel-Kurve M (α) registriert. Hieraus wird zunächst die Schubspannung τ^* als Funktion der Schiebung γ^* für einen "kritischen Radialabstand" r^* berechnet. Aus der Kurve $\tau^*(\gamma^*)$ wird mit Hilfe eines Fließkriteriums die Fließkurve k_f (φ) berechnet.
Zur Theorie des Versuches ist im Anhang für die Schiebung in einem beliebigen Radialabstand r unter Annahme der Isotropie, Homogenität und Inkompressibilität die Beziehung abgeleitet -vgl.(A8) -:

$$\gamma(r,\alpha,n) = \frac{2\alpha}{n} \left(\frac{r_i}{r}\right)^{\frac{2}{n}} \tag{79}$$

Hierin ist r_i der Radius der inneren Spannbacke.
Es wird nun ein optimaler Radialabstand gesucht, der im folgenden als "kritischer Radialabstand" r^* bezeichnet werden soll. Dieser wird definiert durch die Forderung, daß die Schiebung im Radialabstand r^* möglichst invariant ist gegen eine Veränderung des n-Wertes der vorgegebenen Näherungslösung für die Fließkurve.

Bild 35 zeigt, daß die Kurven für die Schiebung als Funktion des Radialabstandes bei unterschiedlichen n-Werten sich nahezu in einem Punkt schneiden. Deshalb wird gesetzt

$$\frac{\partial \gamma(r,\alpha,n)}{\partial n} = 0 \tag{80}$$

Mit (79) folgt nach kurzer Rechnung der gesuchte Radialabstand x)

$$r^*(n) = r_i\, e^{\frac{n}{2}} \tag{81}$$

d.h. die Bedingung (5) ist erfüllt für einen Radialabstand r^*, der vom n-Wert abhängt.

x) Daß der "kritische Radialabstand" größer als r_i sein muß, folgt auch schon daraus, daß für $r \leq r_i$ die von den Spannbacken ausgeübte Axialkraft den reinen Schubspannungszustand stört.

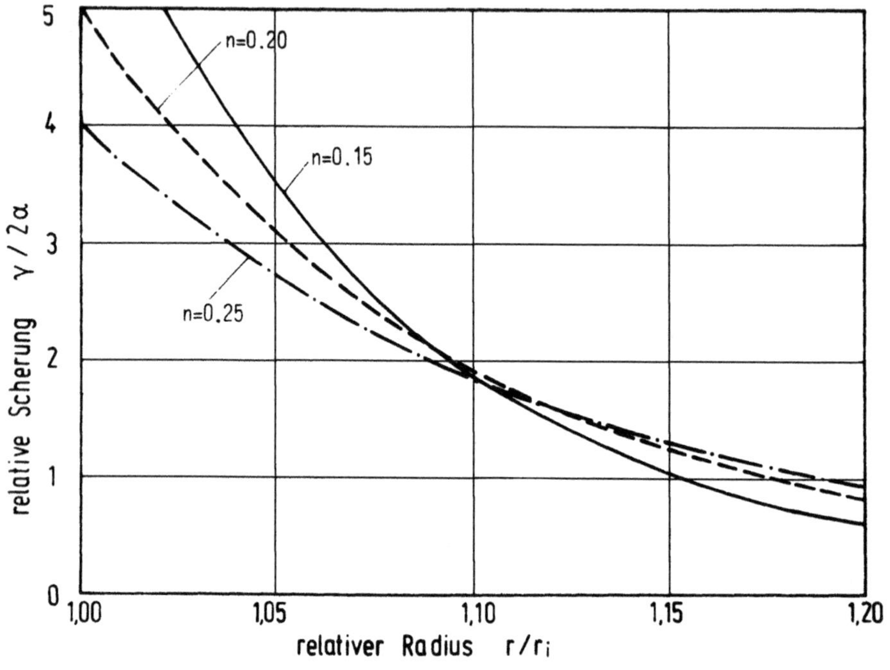

Bild 35: Verlauf der Schiebung im ebenen Torsionsversuch gemäß Gl.(79) für verschiedene Werte des Verfestigungsexponenten n.

Da der wahre n-Wert unbekannt ist, wird $r^{*}(n)$ angenähert durch

$$r^{*}(n_1) = r_i \; e^{\frac{n_1}{2}} \qquad (82)$$

Hierin ist n_1 ein geschätzter Näherungswert für n (s.u.). Aus (79) wird für $n = n_1$:

$$\gamma^{*}(\alpha) = \frac{2\alpha}{n_1\, e} \qquad (83)$$

Ersichtlich wird bei dieser Berechnung der Schiebung zunächst eine Näherungslösung benötigt, die der Ludwik-Gleichung (12) entspricht. Diese Näherungslösung dient aber nur dazu, aus den Meßdaten eine verbesserte Lösung zu berechnen, die vom Verlauf gemäß Gl.(12) abweichen kann. Die verbesserte Lösung hängt nur minimal von der angenommenen Näherungslösung ab. Wenn nämlich in Gl.(82) ein zu großer Wert für n_1 eingesetzt wird, ergibt sich einerseits ein zu großer Wert für den kritischen Radialabstand $r^*(n_1)$, doch andererseits folgt aus (83) ein entsprechend niedrigerer Wert für die Schiebung γ^*. Dadurch wird gemäß Gl.(80) der Fehler in erster Näherung unterdrückt.

Für den verbleibenden Fehler zweiter Ordnung ergab eine Abschätzung +)

$$\omega(\gamma^*) \approx \frac{1}{2}\left(\frac{n_1 - n}{n_1}\right)^2 \qquad (84)$$

Hierin ist $\omega(\gamma^*)$ der relative Fehler von γ^*. Dieser Fehler kann i.allg. vernachlässigt werden.

Um einen möglichst guten Näherungswert n_1 zu erhalten, kann nach der Vorgehensweise von Marciniak et al. [157,158] auf die verformte Probe ein Radiusvektor eingezeichnet und n_1 gemäß

$$n_1 = 2\,\frac{\ln(r/r_a)}{\ln(\alpha/\vartheta)} \qquad (85)$$

aus dem Verlauf der entstandenen Spiralen(s.Bild 36) bestimmt werden.

+) An Gl.(84) ist zu sehen, daß $n_1 > 0$ sein muß. Darüber hinaus kann gezeigt werden, daß nur für $n \gtrapprox 0{,}1$ die radiale Ausdehnung der plastischen Zone hinreichend groß ist; anderenfalls würde sich die Verformung auf eine so schmale Zone lokalisieren, daß eine sinnvolle Versuchsauswertung nicht möglich wäre.

Die Bedingung $n \gtrapprox 0{,}1$ ist für Kaltumformung bei allen praktisch interessanten Werkstoffen erfüllt; bei Warmumformung wirkt der Geschwindigkeitseinfluß einer Lokalisierung der Verformung entgegen.

Alternativ kann die Meßkurve M (α) doppeltlogarithmisch aufgetragen, und n_1 aus der Steigung der Ausgleichsgeraden ermittelt werden, s.Abschnitt 4.5.3.
Während die beschriebene Ermittlung der Schiebung im kritischen Radialabstand r^* nicht ganz trivial ist, läßt sich die zugehörige Schubspannung recht einfach aus der Beziehung gewinnen

$$\tau^*(\alpha) = \frac{M(\alpha)}{2\pi s_0 r^{*2}(n_1)} \tag{86}$$

Damit ist die Kurve $\tau^*(\gamma^*)$ bestimmt, aus der sich mit Hilfe eines Fließkriteriums die Fließkurve $k_f(\varphi)$ ermitteln läßt.

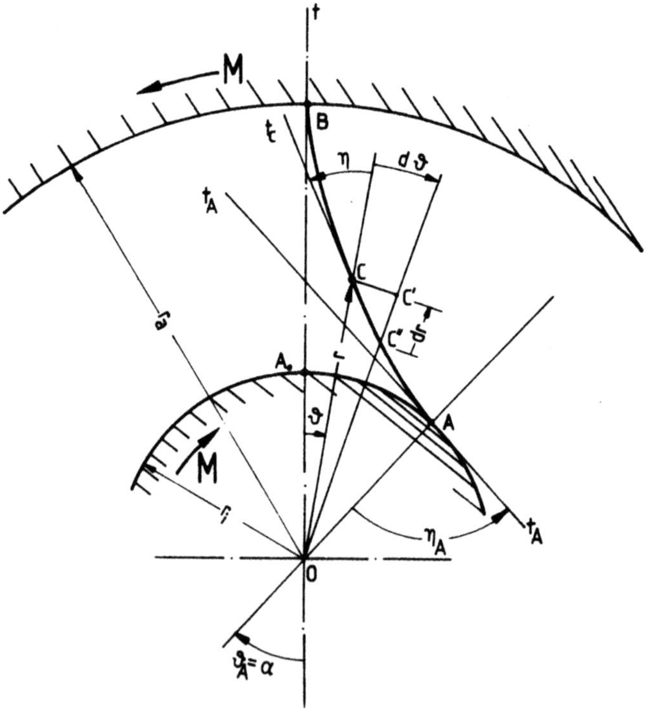

Bild 36: Geometrie der Verformung im ebenen Torsionsversuch (der Winkel η_A ist nicht exakt gleich $\pi/2$, da t_A die Tangente an die Kurve BCA im Punkt A ist).

4.5.2 Anwendungsgrenzen

Aus Versuchen mit der in Bild 34 dargestellten Anlage ergab sich, daß für den Versuch die folgenden Anwendungsgrenzen bestehen, die in Bild 37 am Beispiel des Werkstoffes Al 98,7 dargestellt sind.

1. Die Haftgrenze. Diese folgt aus der Bedingung, daß der eingespannte Teil der Probe keine Bewegung relativ zu der Spannbacke ausführen darf. Diese Bedingung ist vor allem für die innere Spannbacke kritisch.
In Bild 37 ist die sich ergebende Grenzlinie für Aluminium eingezeichnet. Es handelt sich hierbei um die "idelle" Haftgrenze, die unabhängig von der maximalen Axialspannung der Einspannvorrichtung ist x) .

2. Die Grenze durch die Werkzeugbeanspruchung. Aus dem maximalen, für die Prüfeinrichtung zulässigen Drehmoment resultiert die in Bild 37 eingezeichente hyperbolische Kurve.

3. Die Grenze durch Faltenbildung. Bei Unterschreiten einer zulässigen minimalen Blechdicke bilden sich Falten im nicht eingespannten Teil der Probe.
Bei reiner Scherung besteht in der Platine ein Zug-Druck-Hauptspannungszustand. Die Druckspannungen verursachen ein Ausknicken des Werkstoffes in den ungestützten Zonen der Platine. Die Faltenbildung wird deshalb mit zunehmendem Flächen-Trägheitsmoment des Querschnittes unterdrückt. Aus diesem

---

x) Die "ideelle" (unvermeidbare)Grenzlinie ergibt sich aus der Bedingung, daß die Fläche $2\pi s_{\sigma} r_i$ klein sein soll im Vergleich zur eingespannten Fläche πr_i^2, damit auf der Fläche πr_i^2 keine Scherung erfolgt. Diese Grenzlinie gilt unabhängig davon, wie hoch die maximale Axialspannung der Einspannvorrichtung ist.
Zusätzlich zur "ideellen" Grenze kann, wie Versuche zeigten, eine zusätzliche (vermeidbare) Grenze auftreten, wenn die Axialspannung so niedrig ist, daß die Spannbacken nicht richtig fassen und aus diesem Grunde auf den eingespannten Flächen ein Abscheren erfolgt. Diese Grenze ist durch konstruktive Maßnahmen vermeidbar.Sie ist in Bild 37 nicht eingezeichnet.

Grund ergeben sich minimale Blechdicken für bestimmte Werkstoffe, bzw. für gegebene Blechdicke maximale Durchmesserwerte der inneren Spannbacke.

4. Eine Grenze in Bezug auf die Korngröße des Werkstoffes. Aus den Gln. (79),(81) folgt für übliche Werte des Verfestigungsexponenten, daß die radiale Ausdehnung der Verformungszone nur wenige mm betrug (für r_i = 11,5mm). Eine wesentliche Erhöhung von r_i ist wegen der Gefahr der Faltenbildung nicht möglich (die radiale Ausdehnung der Verformungszone ist gemäß (81) proportional zu r_i). Daher ist in manchen Fällen die Bedingung kritisch, daß die mittlere Korngröße des Werkstoffes klein gegen die Verformungszone sein muß, d.h.

$$d \ll \frac{n}{2} \cdot r_i \tag{87}$$

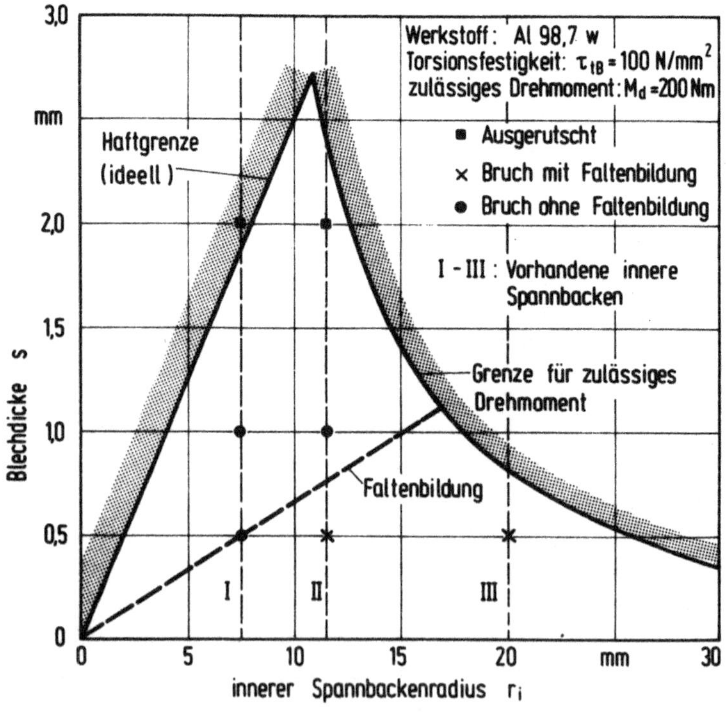

Bild 37: Verfahrensgrenzen des ebenen Torsionsversuches.

4.5.3 Erste Versuchsergebnisse und vorläufige Bewertung

Bild 38 zeigt die Meßkurve M (α) für 1,0 mm starkes Al 98,7-Blech in doppeltlogarithmischer Darstellung. Ersichtlich streuen die Meßpunkte nicht stark um die Ausgleichsgerade. Es kann gezeigt werden, daß bei Gültigkeit der Ludwik-Gleichung gilt

$$M(\alpha) = D\,\alpha^{n} \tag{88}$$

Hierin ist D eine Kostante.

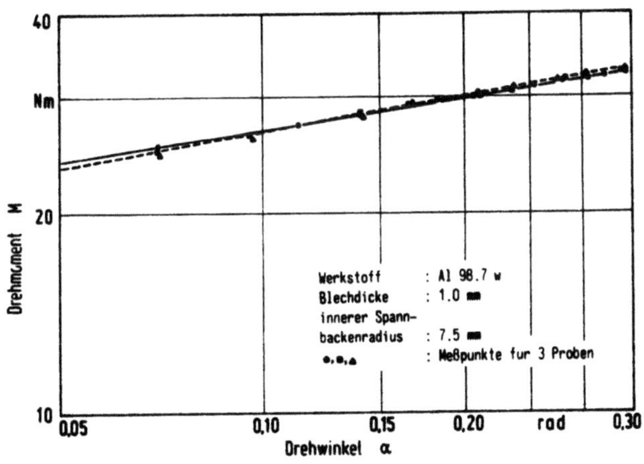

Bild 38: Fließkurve für Al 98,7-Blech.

Aus der Steigung der Geraden in Bild 38 ergab sich $n_1 \approx 0{,}18$ gegenüber $n \approx 0{,}25$ beim Flachzugversuch. Eine genauere Auswertung der Meßdaten zeigte allerdings im ebenen Torsionsversuch eine kleine Abweichung der Fließkurve von der Ludwik-Gleichung, d.h. n war nicht streng konstant; der Zahlenwert 0,18 ist als Mittelwert aufzufassen. In Bild 39 ist die aus den in Bild 38 eingezeichneten Meßpunkten berechnete Fließkurve der (über verschiedene Richtungen in der Blechebene gemittelten) Fließkurve aus dem Flachzugversuch gegenübergestellt. Die mit Hilfe von Gl.(83), (86) erhaltene Funktion $\tau^* (\gamma^*)$ wurde in die Fließkurve $k_f (\varphi)$ umgerechnet.

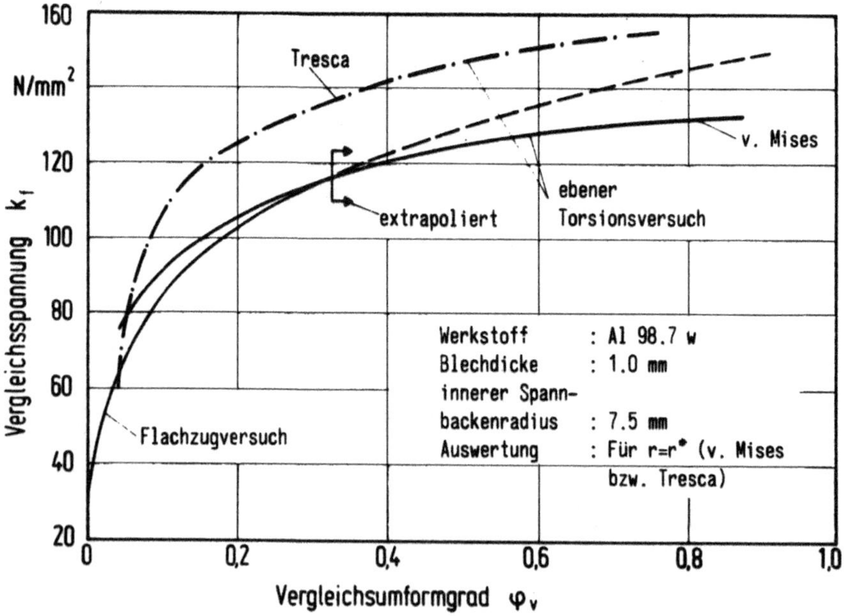

Bild 39: Vergleich der Fließkurven für Al 98,7-Blech aus dem ebenen Torsionsversuch und aus dem Flachzugversuch.

Ersichtlich stimmt die Fließkurve bei Annahme des v.Mises - Kriterium besser als bei Annahme des Tresca-Kriteriums mit der aus dem Flachzugversuch überein.
Es kann aber gezeigt werden, daß durch die Wahl des Fließkriteriums nur die absolute Höhe der Fließspannung, nicht aber der relative Verlauf der Fließkurve beeinflußt wird, vgl. Abschnitt 2.3.3; letzterer interessiert aber bei der Blechumformung in manchen Fällen mehr als die absolute Höhe der Fließspannung.
Aus Bild 39 ist außerdem zu ersehen, daß im ebenen Torsionsversuch die Fließkurve bis etwa $\varphi \approx 0,8$ ermittelt werden konnte gegenüber $\varphi \leq 0,3$ im Flachzugversuch. Demnach wurde ein Faktor $\approx 2,5$ im Wertebereich für den Umformgrad gewonnen. Dies bestätigt die Erwartung, daß im Torsionsversuch das Umformvermögen höher als im Flachzugversuch ist.
Die Ergebnisse von Versuchen am gleichen Werkstoff mit verändertem Radius r_i der inneren Spannbacke stimmten mit denen in Bild 38 bzw. 39 praktisch überein. Dagegen konnten bisher mit dünnerem Blech aus dem gleichen Werkstoff (s=0,5 mm) wegen Faltenbildung noch keine brauchbaren Resultate erzielt werden. Auch die Ergebnisse mit Stahlblech St 1403 waren bisher unbefriedigend, vermutlich wegen mangelhafter Einspannung der Proben.
Eine endgültige Beurteilung des Versuches ist derzeit nicht möglich, zumal die verwendete Prüfeinrichtung noch Verbesserungen zuläßt. Immerhin zeigen die bisherigen Ergebnisse deutlich, daß im ebenen Torsionsversuch ein weit größerer Wertebereich für den Umformgrad erfaßt wird als im Flachzugversuch. Auch die mühelose Probenherstellung (kreisförmige Platinen) ist ein Vorteil im Vergleich zum Flachzugversuch, da in letzterem bei der Probenherstellung sehr enge Toleranzen eingehalten werden müssen, vgl.[16]. Ein Nachteil des Versuches ist darin zu sehen, daß er keine Informationen über die Anisotropie des Werkstoffes liefert.

4.6 Einfluß der Umformgeschwindigkeit und der Temperatur

Wie erwähnt, interessiert bei Blechwerkstoffen in erster Linie die Fließkurve bei Raumtemperatur. Daher ist i.allg. der Einfluß der Umformgeschwindigkeit gering. Dieser Einfluß kann in erster Näherung beschrieben werden durch Gl.(58). Dabei wird angenommen, daß die Umformgeschwindigkeit nur die absolute Höhe der Fließspannung verändert, nicht aber den relativen Verlauf der Fließkurve in Abhängigkeit von der Fließspannung. Ein positiver Exponent m (vgl. Abschnitt 1.2.3 und 2.4) verzögert den im Zugversuch beobachteten Einschnür-bzw. Bruchbeginn, ein negativer, wie er bei Aluminiumlegierungen auftritt, beschleunigt ihn [161,162].
Eine genauere Betrachtung des Geschwindigkeitseinflusses zeigt, daß auch der relative Verlauf der Fließkurve in Abhängigkeit von der Fließspannung schwach von der Umformgeschwindigkeit abhängt [163]; in Gl.(58) müßte formal $n = n(\dot{\varphi})$ geschrieben werden.
Obwohl der Geschwindigkeitseinfluß bei Raumtemperatur oft nur schwach ist, kann er dennoch von Bedeutung sein, da die Aufnahme der Fließkurven im Zugversuch meistens bei einer Umformgeschwindigkeit erfolgt, die um mehrere Zehnerpotenzen unter der bei technischen Umformvorgängen liegt. Im Zusammenhang mit dem Geschwindigkeitseinfluß muß auch der Einfluß der Temperatur auf die Fließspannung diskutiert werden. In [164] wurde die Erwärmung von Flachzugproben durch die Umformwärme berechnet und mit Meßwerten verglichen. Bei den anderen Verfahren zur Aufnahme der Fließkurven von Blechwerkstoffen besteht zumindest teilweise die Möglichkeit, höhere - also realistischere - Umformgeschwindigkeiten zu erreichen. Dies gilt speziell für den Flachstauchversuch, bei dem auch eine bessere Ableitung der Umformwärme möglich ist als im Flachzugversuch, sowie für den ebenen Torsionsversuch.

4.7 Vergleich der Methoden und Gegenüberstellung mit den Prüfverfahren für massive Proben

In Tab.9 wurde versucht, die beschriebenen Methoden zur Aufnahme der Fließkurven von Blechwerkstoffen nach einheitlichen Kriterien zu bewerten. Dabei war eine gewisse Subjektivität umso schwerer zu vermeiden, als einige dieser Methoden noch nicht ausreichend untersucht worden sind. Dennoch können aus der Tabelle einige klare Aussagen gewonnen werden.
Die hauptsächlichen Mängel des Flachzugversuches sind der kleine erreichbare Wertebereich für den Umformgrad sowie die relativ niedrige Umformgeschwindigkeit. Wenn diese Mängel in Kauf genommen werden können, besteht kein Grund, auf einen anderen Versuch auszuweichen, zumal der Flachzugversuch als einziger genormt ist und mit üblichen Prüfmaschinen durchgeführt werden kann.
Von den anderen Versuchen sind im Hinblick auf einen hohen erreichbaren Umformgrad der Flachstauchversuch und der ebene Torsionsversuch bemerkenswert; letzterer bietet darüberhinaus als einziger die Möglichkeit, die Umformgeschwindigkeit mühelos konstant zu halten.
Zusammenfassend ist festzustellen, daß es keinen allgemeingültig "besten" Versuch gibt. Je nach den Gegebenheiten, vor allem den verfügbaren experimentellen Einrichtungen, wird von Fall zu Fall zu entscheiden sein.
Natürlich wird die für einen Blechwerkstoff ermittelte Fließkurve von einer Vorverfestigung beeinflußt. Dabei hat insbesondere auch die Richtung der Vorumformung, d.h. der "strain path", einen Einfluß [165]. Dies gilt aber auch für Proben aus massiven Werkstoffen, zumal es schon aus der meistens vorhandenen Werkstoffanisotropie folgt (s.a.Abschnitt 2.3.3 und Kap.5). Angaben zum Vergleich der Blechprüfverfahren mit denen für massives Probematerial finden sich im nachfolgenden Abschnitt.

Tab 9: Bewertungskriterien für Methoden zur Aufnahme der Fließkurven von Blechwerkstoffen.

Kriterium	Methode Flachzug-versuch	Flachstauch-versuch	bulge-test	ebene Torsion
Wichtigste Fehlerquelle	Proben-querschnitt	Reibung, Messung der Höhenabnahme, Seitenversatz der Werkzeuge	Senkrechte Anisotropie	Einspan-nung (Haft-grenze)
Grenzen für die Blech-dicke	-	$\gtrapprox 3$ mm	$\lessapprox 3$ mm	$\lessapprox 1-2$ mm
Maximaler Umformgrad	$\varphi_g \approx n$	(ca. 1)	$\approx \ln 2$	(ca. 1)
Aufwand für Versuch und Auswertung	klein	klein	groß	(klein)
Spezialma-schine er-forderlich	-	-	ja	ja
$\dot{\varphi}$ = kon-stant leicht mög-lich	-	-	-	ja
Wertebe-reich für $\dot{\varphi}$ beschränkt	ja	-	(ja)	-
Gleichzeitige Ermittlung der Anisotro-pie möglich	ja	(?)	(?)	-
Normung besteht	ja	-	-	-

( ) = grobe Angabe

(?) = unklar

4.8 Abschließender Vergleich der Prüfverfahren für Bleche mit denen für massives Probematerial

Nun sollen noch die Prüfverfahren für Bleche in ihrer Gesamtheit denen für massives Probematerial (d.h. Stabmaterial oder Grobblech) gegenübergestellt bzw. gegen diese abgegrenzt werden.

Eine Abgrenzung ergibt sich zunächst aus den in Abschnitt 4.1 aufgezählten Besonderheiten dünner Bleche, die hier nicht wiederholt werden sollen. Es sei nur noch einmal betont, daß zur Blechprüfung im Normalfall auch eine Ermittlung der Anisotropieeigenschaften gehört (dazu s.a. Kap.5), während dies bei massivem Material i.allg. nicht erforderlich ist.

Die einfachste Abgrenzung ist durch die Abmessungen des Probematerials gegeben: die in Kap.2 beschriebenen Prüfmethoden für massives Probematerial kommen unterhalb einer Blechdicke von 5 mm i.allg. nicht und unterhalb 3 mm überhaupt nie in Betracht.

Zudem sei auf einen wesentlichen Unterschied hingewiesen, der sich aus dem Vergleich der in Kap.2 beschriebenen Prüfmethode für massives Material mit den in Kap.4 beschriebenen Methoden für Bleche ergibt.

Bei massivem Material kann im Zugversuch an Rundstäben der Einschnürvorgang ausgenutzt und nach Siebel und Schwaigerer [11] ausgewertet werden, um die Fließkurve etwa bis $\varphi \approx 1$ zu bestimmen. Demgegenüber beschränkt sich die Aussagefähigkeit des Flachzugversuches auf den Bereich unterhalb der Gleichmaßdehnung.

Darüber hinaus ist zur Prüfung von massivem Material auch der Zylinderstauchversuch zu einem hohen Stand entwickelt worden. Dagegen fehlt bis jetzt ein ausgereiftes Prüfverfahren für Bleche im Bereich hoher Umformgrade; vielleicht läßt sich diese Lücke durch die Weiterentwicklung des ebenen Torsionsversuches schließen. Andererseits werden aber in der Massivumformung auch höhere Umformgrade als in der Blechumformung erreicht.

Der unterschiedliche Entwicklungsstand der Prüfverfahren für Bleche und für massives Material ist am Stand der Normung, zumindest der DIN, nicht klar zu erkennen.
Es bestehen bis jetzt sowohl für den Zugversuch an Rundstäben als auch für den Flachzuversuch nur Normen für die Aufnahme der Fließkurve im Bereich unterhalb der Gleichmaßdehnung. Der Stauchversuch ist im Hinblick auf die Aufnahme von Fließkurven noch nicht streng genormt.

Für die Bewertung der verschiedenen Prüfverfahren im Hinblick auf die praktische Anwendung der ermittelten Fließkurven ist noch ein entscheidender Gesichtspunkt zu berücksichtigen: die Übertragbarkeit der Ergebnisse vom Versuch auf das jeweils interessierende Umformverfahren. Dieser Fragenkomplex beinhaltet einerseits die Unsicherheit der Meßergebnisse, andererseits das Problem der Probenahme sowie Fragen der Ähnlichkeitstheorie und des Größeneinflusses; hierzu s.Kap.6.

5 Richtungsabhängigkeit

5.1 Überblick

Im allgemeinen Fall sind die Eigenschaften eines Werkstoffes - dies gilt auch für das plastische Verhalten - richtungsabhängig. Im folgenden wird mit dem Wort "Anisotropie" die Richtungsabhängigkeit ganz allgemein im weiteren Sinn bezeichnet (im engeren Sinn bezeichnen die "senkrechte" und "ebene" Anisotropie definierte Kennwerte von Blechwerkstoffen, s.Abschnitt 5.2).

Die plastische Anisotropie beinhaltet einersetis eine Richtungsabhängigkeit der Fließkurve, andererseits ist bei gegebener einachsiger Beanspruchung (z.B. im Zugversuch) die Querverformung in verschiedenen zur Beanspruchungsrichtung senkrechten Richtungen unterschiedlich groß.

Die Bedeutung der Anisotropie für die Praxis besteht darin, daß der Werkstofffluß, die Verfahrensgrenzen sowie die Eigenschaften des Werkstückes nach der Umformung (Eigenspannungen, Maßhaltigkeit, mechanische Kennwerte) von der Anisotropie beeinflußt werden.

Als Ursachen für ein richtungsabhängiges Werkstoffverhalten kommen im wesentlichen zwei Erscheinungen in Betracht.

1. Vor allem die Kristallanisotropie: In einem metallischen Einkristall sind aufgrund von zwischenatomaren Kräften in allen Richtungen gleichartiger Atomabstände die Eigenschaften gleich. Dagegen unterscheiden sich Eigenschaften in Richtungen, die sich in den Atomabständen unterscheiden. Dabei sind Metalle mit hexagonalem Gitter viel stärker anisotrop als kubische.

Die Anisotropie eines Einkristalles wirkt sich im Vielkristall nur aus, wenn die Kristallite eine Vorzugsorientierung haben. Unter der Orientierung eines Kristalles oder Kristallites wird dabei nicht die Orientierung der äußeren Gestalt des Kristalles verstanden, sondern die der Kristallachsen, d.h. des Gitters. Die Orientierung eines Kristallites wird bei Blechen üblicherweise beschrieben durch Angabe derjenigen Netzebene, die mit der Walzebene zusammenfällt, und der

kristallographischen Richtung, die parallel zur Walzrichtung zeigt.
Die Eigenschaften eines Vielkristalles sind höchstens im gleichen Maße anisotrop wie die im Einkristall (und zwar dann, wenn alle Kristallite gleich orientiert sind).
2. Die Gefügeanisotropie, die darin besteht, daß Korngrenzen oder Zweitphasen eine Vorzugsorientierung haben; dies beinhaltet eine Korngröße - sowie eine Kornformverteilung. Für die Kornformverteilung wird auch das Wort "Orientierungskorrelation" gebraucht.
Im folgenden wird nur die unter 1. genannte Kristallanisotropie betrachtet. Dies ist in der Tat die wichtigste Ursache für ein richtungsabhängiges Werkstoffverhalten. Die Gesamheit der Orientierungen eines Vielkristalles wird als Textur bezeichnet [167] (das Wort Textur wurde ursprünglich für jede beliebige Orientierungsverteilung, d.h. auch für die regellose,gebraucht; heute wird mit Textur i.allg. eine Orientierungsverteilung mit ausgeprägten Vorzugsorientierungen bezeichnet).
Weissenberg [168] stellte unter Berücksichtigung der Symmetrieelemente eine Systematik der möglichen Orientierungsverteilungen in der Reihenfolge zunehmender Ordnung auf:
1. Völlig regellose Orientierungsverteilung (auch "graue" oder "texturlose" Verteilung genannt). In diesem Fall wird der Vielkristall als "quasiisotrop" bezeichnet. In der Praxis kommt dieser Fall nur selten vor.
2. Fasertexturen. In diesem Fall gibt es eine ausgezeichnete Richtung im Werkstück, z.B. die Achse im Draht oder Rundmaterial. In Bezug auf diese Achse besteht Rotationssymmetrie.
3. Blechtexturen. Es besteht "orthorhombische Symmetrie" (Orthotrapie), d.h. beim Blech sind vorn und hinten (in Walzrichtung) gleichwertig, ferner die Querrichtungen links und rechts senkrecht zur Walzrichtung, sowie die zwei Richtungen senkrecht zur Blechebene.
4. Völlig gleichartige Orientierung aller Kristallite ("scharfe Textur").
Dieser Fall kommt in der Praxis wie auch der Fall 1 kaum vor. Daher interessieren in der Umformtechnik im wesentlichen

die Fälle 2 und 3. Der Fall 2 - Fasertexturen tritt nur bei den in Kapitel 2 der Arbeit beschriebenen Prüfverfahren für "massives" Rohmaterial auf, der Fall 3 - Blechtexturen dagegen sowohl in Kapitel 2 der Arbeit (wenn das zu prüfende Material aus Grobblech besteht) wie in Kapitel 4 (Feinblech).
In der Umformtechnik hat die Anisotropie bei der Blechumformung eine größere praktische Bedeutung als bei der Massivumformung; daher steht der Fall der Blechtextur in der folgenden Betrachtung im Vordergrund.
Wird ein isotroper Körper mehrachsig beansprucht, so genügt für die Berechnung des Umformverhaltens die Kenntnis der Fließkurve in Verbindung mit einem Fließkriterium.
Verhält sich dagegen ein Körper anisotrop, so muß zusätzlich die Fließortkurve, d.h. der geometrische Ort für den Fließbeginn im Spannungsraum bekannt sein [170].
Im folgenden werden nur inkompressible Stoffe betrachtet. Für diese läßt sich ohne Beschränkung der Allgemeinheit die Fließbedingung als Fließortkurve in der σ_1 - σ_2 - Ebene darstellen. Die Fließortkurve ist der geometrische Ort für alle σ_1 - σ_2 Kombinationen, bei denen plastisches Fließen eintritt (σ_1; σ_2 = Hauptspannungen). Diese Kurve ist geschlossen, konvex und im allgemeinen Fall nicht durch eine analytische Funktion zu beschreiben. Zur experimentellen Bestimmung von Fließortkurven ist es notwendig, den Fließbeginn für zweiachsige Spannungszustände zu bestimmen. Die wichtigsten Verfahren zur Bestimmung von Fließortkurven [169, 17o] sind im folgenden kurz zusammengestellt.
1. Eine vollständige Bestimmung der Fließortkurve ist möglich durch Messungen an dünnwandigen rohrförmigen Proben unter Innen- bzw. Außendruck, die gleichzeitig auf Zug bzw. Druck in Achsrichtung beansprucht werden. Dieses Verfahren mit der größten Informationsdichte ist jedoch auch das aufwendigste.
2. Im Prinzip kann die Fließortkurve auch aus der kristallographischen Textur (Orientierungsverteilungsfunktion "ODF") berechnet werden [171, 172], d.h. aus der Häufigkeitsverteilung der Orientierung der Kristallite während der Umformung ("Verformungstextur"). Im allgemeinen Fall ist die Verformungstextur während eines Umformvorganges veränderlich (aus

diesem Grunde und auch wegen der Verfestigung des Werkstoffes verändert sich während der Umformung auch die Fließortkurve). Für Texturbestimmungen wird meist die Anisotropie der Beugung von Röntgenstrahlen genutzt.
In das Ergebnis einer derartigen Ermittlung der Berechnung der Fließortkurve gehen neben der Unsicherheit der röntgenographischen Texturbestimmung (die sowohl im Experiment als auch im mathematischen Auswertungsverfahren begründet ist) auch die Annahmen ein, welche der Berechnung der Fließortkurve aus der Ortientierungsverteilungsfunktion zugrundegelegt werden. Daher ist die Methode nicht nur aufwendig, sondern auch mit einer erheblichen Unsicherheit behaftet. Da sie aber eine Möglichkeit bietet, die Fließortkurve von der Struktur des Werkstoffes her zu deuten - und somit im Prinzip auch gezielt zu beeinflussen - ist anzunehmen, daß die Methode in Zukunft an Bedeutung gewinnt. Angaben über Verformungstexturen finden sich z.B. in [167,173 bis 175].

3. Mit wesentlich geringerem Aufwand sind ebene Formänderungsversuche durchzuführen. Entsprechend kleiner ist ihr Informationsgehalt, da sie nur die Tangenten an die Fließortkurve liefern. Die ebenen Formänderungszustände können z.B. im Flachstauchversuch ([176],vgl. Abschnitt 2.2.6), im Flachzugversuch mit behinderter Querkontraktion ([148, 176], vgl.Abschnitt 4.3), oder auch im Streifenziehversuch realisiert werden. Die aus den Versuchen erhaltene Aussage über die Fließortkurve wird von der Höhe der Reibung beeinflußt.

4. Ebenfalls einfach, aber dementsprechend auch nicht sehr informativ, sind Messungen der Knoop-Härte [177].

5. Dem zu untersuchenden Material können Proben für den Zug- oder den Stauchversuch mit unterschiedlicher Orientierung entnommen werden. Mit diesen Proben werden Versuche wie bei der Aufnahme der Fließkurven von isotropem Material durchgeführt, und anschließend wird aus den Meßdaten eine Aussage über die Fließortkurve abgeleitet.
Für den Fall von massivem Stabmaterial ist diese Vorgehensweise in [178] beschrieben worden, vgl. Bild 40.
In der industriellen Praxis hat sich bisher jedoch lediglich

die Bestimmung des r-Wertes von Blechwerkstoffen im Flachzugversuch allgemein durchgesetzt.

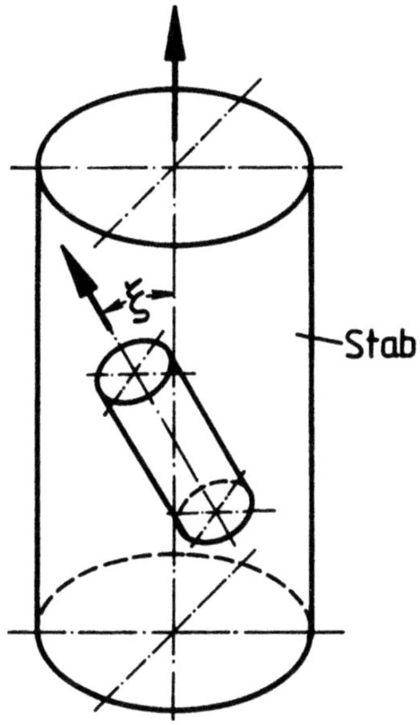

Bild 40: Probenahme aus Stabmaterial. Es wurden Proben unter den Winkeln ξ = 0°; 22,5°; 45°; 67,5° und 90° zur Stabachse entnommen [178].

5.2 Bestimmung des r-Wertes von Blechwerkstoffen

Bei Blechen hängt, wie Versuche zeigen, die Fließkurve (genauer der n-Wert) vielfach nur schwach von der Richtung ab; im Gegensatz zum r-Wert [179].

Unter vereinfachenden Annahmen läßt sich die Fließortkurve von Blechwerkstoffen durch eine Ellipse in der σ_1 - σ_2 - Ebene beschreiben [170]:

$$\sigma_1^2 - \frac{2r_o}{1+r_o}\,\sigma_1\,\sigma_2 + \frac{r_o(1+r_{90})}{r_{90}(1+r_o)}\,\sigma_2^2 = k_f^2 \qquad (89)$$

Hierin bedeutet

$$r = \frac{\varphi_b}{\varphi_s} \tag{90}$$

das Verhältnis der Umformgrade in Breiten- und in Blechdickenrichtung beim Flachzugversuch und die Indizes o bzw. 90 bezeichnen den Winkel der Probenachse zur Walzrichtung. Der r-Wert wird auch als "senkrechte Anisotropie" bezeichnet. Gemäß Gl.(89) genügt zur Bestimmung der als elliptisch angenommenen Fließortkurve die Ermittlung von r_o und r_{90}. Im allgemeinen wird der r-Wert da nicht ermittelt, um die Fließortkurve explizit anzugeben sondern um direkt vom r-Wert auf die Tiefzieheignung des Bleches zu schließen, s.u. Dabei ist es auch üblich, zusätzlich zu r_o und r_{90} und noch r_{45} zu bestimmen (Diagonalrichtung). Dann wird aus den Meßdaten die "mittlere senkrechte Anisotropie" gebildet:

$$\bar{r} = \frac{1}{4} [r_o + 2\, r_{45} + r_{90}] \tag{91}$$

Im Sonderfall $r_o = r_{90}$ vereinfacht sich Gl.(89) zu

$$\sigma_1{}^2 - \frac{2r}{r+1} \sigma_1 \sigma_2 + \sigma_2{}^2 = k_f{}^2 \tag{92}$$

Zur Veranschaulichung dient Bild 41.

Im Fall regelloser ("grauer") Verteilung gilt (vgl.Gl.(90), (91))

$$r_o = r_{45} = r_{90} = \bar{r} = 1 \tag{93}$$

Beim Tiefziehen soll laut Definition des Tiefziehens die Blechdicke konstant bleiben. Dies wird unabhängig von den geometrischen Zwangsbedingungen umso leichter erreicht, je größer $\bar{r}$ ist. Ein großer Wert für $\bar{r}$ bedeutet zugleich: es wird eine geringere Ziehkraft benötigt, während die übertragbare Ziehkraft erhöht ist. "Gute Tiefziehbarkeit"ist gegeben für $\bar{r} > 1{,}25$.

Da im allgemeinen Fall der r-Wert vom Winkel zur Walzrichtung abhängt, wird als "ebene Anisotropie" (oder "Flächenanisotropie") definiert

$$\Delta r = 2\, [\bar{r} - r_{45}] \tag{94}$$

Δr bestimmt die Zipfelbildung beim Tiefziehen kreiszylindrischer Näpfe (Δr > o : Zipfel in o° - und 90° - Richtung, Δr < o : Zipfel in ± 45° - Richtung). Die Zipfelbildung bedeutet einen zusätzlichen Arbeitsgang und Materialverlust. Die Erfahrung zeigt, daß in manchen Fällen $|\Delta r|$ relativ groß ist, obwohl zugleich der n-Wert nur sehr schwach vom Winkel zur Walzrichtung abhängt.

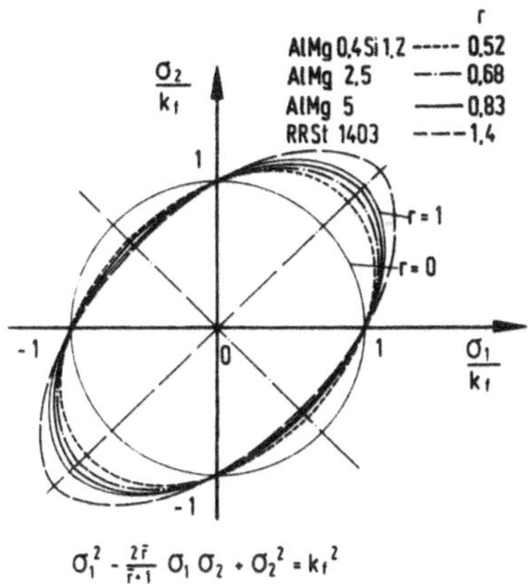

Bild 41: Fließortkurven von Aluminiumlegierungen im Vergleich zu Stahlblech [179] (Annahme: $r_o = r_{90}$).

Bei der experimentellen Bestimmung der Anisotropie-Kennwerte ist folgendes zu beachten.
Im allgemeinen hängt der r-Wert vom Umformgrad ab, s.z.B. [180]. Es ist deshalb zweckmäßig, einen bestimmten Umformgrad, für welchen der r-Wert bestimmt werden soll, durch Vereinbarung einheitlich festzulegen.
Auch die Form der Flachzugproben hat Einfluß auf den ermittelten r-Wert [181].
Da es bis jetzt für die r-Wert-Bestimmung keine DIN-Norm gibt, ist eine Empfehlung der International Deep Drawing Research Group (IDDRG) als maßgeblich anzusehen [182]. Gemäß dieser Empfehlung werden rechteckförmige Streifenproben mit 20 mm Breite verwendet, auf denen (bei einer Gesamtlänge von $\leq$ 250 mm) die Anfangslänge l_o = 50 mm (oder 20 mm) angerissen ist. Da aber in vielen Fällen zusammen mit dem r-Wert auch die mechanischen Kennwerte im Flachzugversuch ermittelt werden sollen - oft sogar die Fließkurve -, ist es zweckmäßig, statt der Streifenprobe die nichtproportionale Flachprobe DIN 50114-20x80 zur Ermittlung des r-Wertes zu verwenden.
Die Proben werden gedehnt bis $\Delta l/l_o = 0{,}2$; dann wird die Verformung unterbrochen, und die Querkontraktion der Probe (in Richtung der Blechebene) gemessen. Diese Messung soll bei Proben mit l_o = 50 mm an drei Stellen innerhalb der Meßlänge durchgeführt werden. Aus der Querkontraktion wird der Umformgrad φ_b für den Zähler in Gl. (90) berechnet; mit Hilfe der gemessenen Längenzunahme $\Delta l/l_o = 0{,}2$ ergibt sich über die Volumenkonstanz auch der Umformgrad φ_s in Blechdickenrichtung, d.h. der Nenner in (90). Ergänzende Angaben zur r-Wert-Bestimmung, insbesondere zur Bestimmung des r-Wertes und des Verfestigungsexponenten n im gleichen Versuch, finden sich in [146, 163, 183, 184]. Angaben über die Auswirkung des r-Wertes auf das Tiefziehverhalten finden sich in [185, 186].

6 Zur Übertragbarkeit der Ergebnisse

6.1 Problemstellung

Die Ermittlung von Fließkurven dient vor allem dazu, den Kraft- und Arbeitsbedarf bei Umformverfahren zu berechnen sowie die zu erwartende Verfestigung bei einer Kaltumformung abzuschätzen [187, 188]. Voraussetzung hierfür ist, daß die Versuchsbedingungen bei der Aufnahme der Fließkurve den Bedingungen bei der technischen Umformung möglichst vergleichbar sind. Dies gilt einerseits für Versuchsparameter wie Umformgeschwindigkeit, Temperatur, Spannungszustand; andererseits ist auch zu fordern, daß die Versuchsproben möglichst repräsentativ für das umzuformende Halbzeug bzw. Werkstück sind.
Die sich hieraus im einzelnen ergebenden Fragen werden in den folgenden Abschnitten diskutiert.

6.2 Unsicherheit experimentell bestimmter Fließkurven

6.2.1 Meßfehler und angenommenes Fließkriterium

Die Experimentierfehler bei den verschiedenen Methoden zur Aufnahme von Fließkurven sind in den vorhergehenden Kapiteln beschrieben worden und sollen nicht nochmals aufgezählt werden. Es sei lediglich folgendes zur Unsicherheit des Fließkriteriums angemerkt.
Da die Unsicherheit des Fließkriteriums bei jedem Versuch mit mehrachsiger Beanspruchung in die berechnete Fließkurve eingeht, scheint unter diesem Gesichtspunkt ein einachsiger Versuch (Zugversuch oder Rastegaev-Stauchversuch) am zweckmäßigsten zu sein. Andererseits ist aber die Beanspruchung bei technischen Umformverfahren auch nicht einachsig. Ein Versuch mit mehrachsiger Beanspruchung zur Bestimmung der Fließkurve ist deshalb den einachsigen Versuchen vorzuziehen, sofern die Beanspruchung das interessierende Umformververfahren simuliert. In diesem Zusammenhang ist aber zu beachten, daß bei mehrachsiger Beanspruchung i.allg. die Probe eine räumlich inhomogene Formänderung erfährt. Dann wird der Begriff des

Vergleichsumformgrades, sofern er über das Probenvolumen gemittelt wird, problematisch [189].

6.2.2 Zur Probenahme

6.2.2.1 Lage und Anzahl der Proben

Die für einen gegebenen Werkstoff experimentell ermittelten Fließkurven streuen von Versuch zu Versuch nicht nur auf Grund von Meßfehlern, sondern auch deshalb, weil die Werkstoffeigenschaften von Probe zu Probe nicht streng gleich sind, bedingt durch Schwankungen in der chemischen Zusammensetzung und im Gefügezustand.
Nach Angaben in [98] beträgt bei der Aufnahme der Fließkurven von Stahl bei Raumtemperatur die Streuung der Versuchsergebnisse auf Grund des Prüfvorgangs etwa 6 %, zugleich besteht aber eine Streuung von etwa 8 % auf Grund von Schwankungen der Werkstoffeigenschaften. Bei erhöhten Temperaturen ist die Streuung noch größer. In [65] werden für Kaltverformung engere Streubereiche angegeben.
In jedem Fall sollte die Streuung möglichst klein gehalten werden. Zu diesem Zweck sind die folgenden Forderungen zu erfüllen:

a) Entnahme der Versuchsproben für einen einheitlichen Versuch an gleichwertigen Orten im Grundmaterial;
b) Gleichartige Orientierung der Proben in Bezug auf die Abmessungen des Grundmaterials (diese Forderung wurde bereits in Abschnitt 5.2 behandelt);
c) Entnahme einer hinreichenden Anzahl gleichartiger Proben für gleichartige Versuche;
d) Passend gewählte Abmessungen der Proben.

Im folgenden werden zunächst die Bedingungen a) und c) diskutiert, danach in Abschnitt 6.2.2.2 die Bedingung d).
Zu a) - Ort der Probenahme - : diese Forderung dürfte bei der Prüfung von dünnen Blechen relativ unkritisch sein, da hier bei praktisch allen Prüfverfahren über die gesamte Blechdicke gemittelt wird. Dagegen können aus Grobblech im Prinzip Rundstäbe für den Zug- oder Stauchversuch entnommen werden, deren

Durchmesser kleiner als die Blechdicke ist. Auch bei Stabmaterial kann der Ort der Probenahme von Bedeutung sein, wenn der Durchmesser der Probe kleiner als der Stabdurchmesser ist. Im allgemeinen Fall muß damit gerechnet werden, daß im Stabmaterial die Zusammensetzung des Werkstoffes (infolge von Seigerungen), ferner die Textur [167], Korngröße und Kornform [105] über den Querschnitt veränderlich sind.
Grundsätzlich ist der Ort der Probenahme am zweckmäßigsten, der mit den Bedingungen bei den interessierenden technischen Umformverfahren am besten übereinstimmt; entsprechendes gilt auch für die Probengröße, vgl. Abschnitt 6.2.2.2.
Zu c) - Anzahl der Proben - finden sich in den DIN-Normen über den Zugversuch (DIN 50125, DIN 50114, DIN 50145) keine expliziten Angaben. Nach DIN 50106 sollen zur Bestimmung der mechanischen Kennwerte im Druckversuch mindestens drei Proben verwendet werden, desgleichen nach dem Stahl-Eisen-Prüfblatt 1123 [20]. Im übrigen folgt auch sinngemäß aus DIN 1605 [190], daß mindestens drei gleichartige Proben zu verwenden sind.

Die Zahl der Proben darf nicht isoliert gesehen werden vom Probenvolumen: bei größerem Probenvolumen wird über ein grösseres Werkstoffvolumen gemittelt. In jedem Fall dürfte aber die Zahl drei die untere Grenze darstellen.
Abschließend sei betont, daß Angaben über Fließkurven, wenn sie in der Praxis verwendet werden sollen, stets neben Angaben über das Prüfverfahren auch solche über Lage, Orientierung, Anzahl und Größe der Proben enthalten sollen.

6.2.2.2 Größeneinfluß

Die absolute Größe der Proben zur Aufnahme von Fließkurven in einem beliebigem Versuch ist zunächst einmal eingeschränkt durch die begrenzte Kraft bzw. das begrenzte Drehmoment, welchen von der Prüfeinrichtung aufgebracht werden kann, sowie durch deren Steifigkeit und durch die Meßbereiche der verfügbaren Registriergeräte. Zu dieser trivialen Einschränkung kommen weitere hinzu durch die Forderung, daß mit Hilfe der im Experiment bestimmten Fließkurve der Kraft- und Arbeits-

bedarf für technische Umformverfahren berechnet werden sollen. Hieraus ergibt sich die Forderung, daß die Abmessungen der Versuchsprobe denen des umzuformenden Halbzeugs bzw. Werkstückes möglichst nahekommen sollen. Diese Forderung ist in vielen Fällen nicht zu erfüllen. Daher ist der Versuch zur Aufnahme der Fließkurve als "Modell" aufzufassen, durch welches die "Hauptausführung", d.h. der Umformvorgang simuliert wird. Die Untersuchung der hierfür geforderten Bedingungen im allgemeinen Fall ist Gegenstand der Ähnlichkeitsmechanik [191 bis 193].
Zunächst ist die Bedingung geometrischer Ähnlichkeit zu beachten. Da es Hunderte von Umformverfahren gibt, ist es i. allg. nicht üblich, bei der Aufnahme der Fließkurve einen Versuch mit geometrischer Ähnlichkeit durchzuführen. Es wird vielmehr in der beschriebenen Weise mit Hilfe eines Vergleichsumformgrades und einer Vergleichsspannung eine Umrechnung vorgenommen.
Die anderen Bedingungen der Ähnlichkeitsmechanik sind in Tab.10 zusammengestellt. Die wichtigsten unter diesen Bedingungen wurden schon bei der Diskussion der verschiedenen Prüfverfahren im vorhergehenden Text erwähnt, vgl. Abschnitt 2.4, Kap.3, Abschnitte 4.7 und 4.8.

Eine ausführliche Behandlung der in Tab.10 angegebenen Kriterien überschreitet den Rahmen der vorliegenden Arbeit; hierzu s.[191]. Es sei aber darauf hingewiesen, daß gemäß Tab.10 die Bedingungen"thermischer Ähnlichkeit",speziell im Hinblick auf die Wärmeleitung, besonders schwierig zu erfüllen sind. Demnach sind Versuche bei Raumtemperatur und mäßiger Umformgeschwindigkeit grundsätzlich weniger problematisch als solche bei erhöhten Temperaturen und Umformgeschwindigkeiten.

Der Einfluß der Schwerkräfte auf das Werkstück kann i.allg. vernachlässigt werden, weil meistens die Umformkräfte groß gegen die Schwerkräfte sind; dagegen ist der Einfluß der Schwerkraft am Werkzeug u.U. wesentlich, wie beim Fallhammer.

Die dynamische Ähnlichkeit am Werkstück spielt nur dann eine Rolle, wenn Trägheitskräfte wesentlich sind, d.h. bei Hochgeschwindigkeitsumformung, vgl. Abschnitt 2.5.2.

Tab.10: Kriterien der Ähnlichkeit und ihre Erfüllung [191].
Fall a) Zeitmaßstab gleich Eins, Temperaturmaßstab gleich Eins;
Fall b) Zeitmaßstab gleich Längenmaßstab, Temperaturmaßstab gleich Eins.
In beiden Fällen ist vorausgesetzt, daß der Kraftmaßstab gleich dem Quadrat des Längenmaßstabes ist (sodaß sich gleiche Spannungen ergeben).

	Art der Ähnlichkeit	Fall a	Fall b
am Werkstück	plastostatisch	x	(x)
	elastostatisch (G)	x	x
	elastostatisch (E)	x	x
	dynamisch		x
	Wärmeleitung		
	Wärmestrahlung		x
	Temperaturerhöhung durch Umformung	x	x
an Werkzeug u. Maschine	elastostatisch (G)	x	x
	elastostatisch (E)	x	x
	dynamisch		x
	Schwerkräfte		

x = erfüllt

Über die Bedingungen der Ähnlichkeitsmechanik hinaus sind noch folgende zwei Bedingungen zu beachten bzw. darauf zu korrigieren:

1. Es existiert in vielen Fällen ein metallurgischer Größeneinfluß [194];
2. Die Gleichheit der Reibungszahl in Modell und Hauptausführung ist nicht immer erfüllt.

Die meisten experimentell gewonnenen Literaturangaben über den Größeneinfluß beziehen sich auf den Zugversuch an Rundstäben. Insbesondere ist der Einfluß der Probengröße auf die mechanischen Kennwerte oft beschrieben, s.z.B. [195 bis 197]. Nach [196] werden von der Probengröße unabhängige Festigkeitskennwerte ermittelt; dagegen fällt die Brucheinschnürung mit steigender Probengröße.

Über den Einfluß der Probengröße auf die im Zugversuch ermittelte Fließspannung findet sich ein Hinweis in [198]. Demzufolge kann das Verhältnis der Probengröße zur mittleren Korngröße des Werkstoffes von Bedeutung sein (metallurgischer Größeneinfluß).

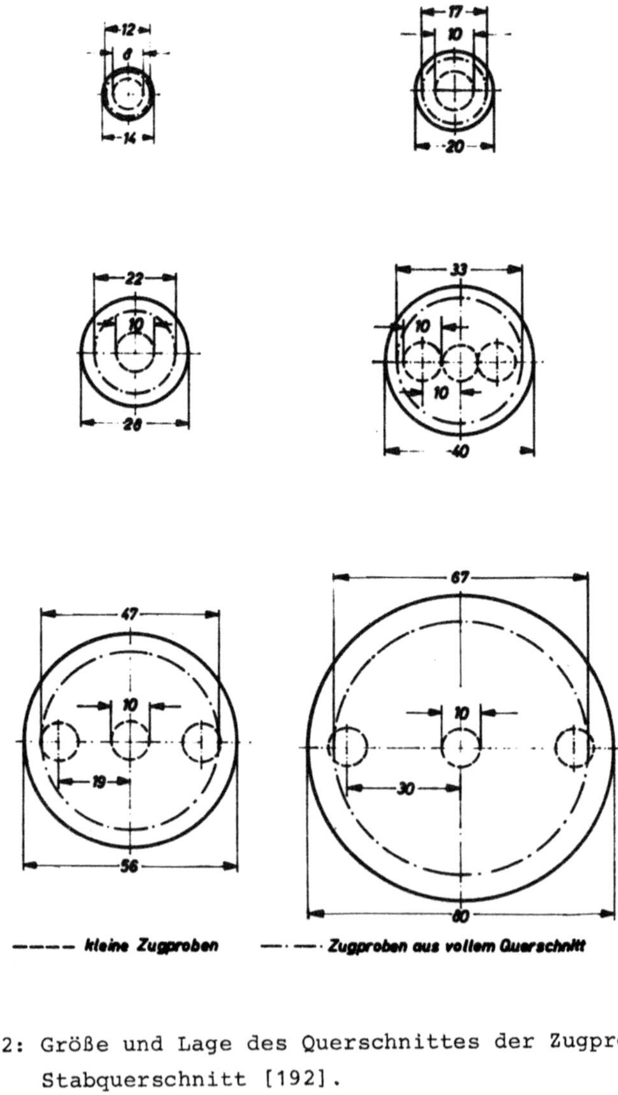

Bild 42: Größe und Lage des Querschnittes der Zugproben im Stabquerschnitt [192].

In [192] wurden Zugproben unterschiedlichen Durchmessers aus Stabmaterial mit verschiedenem Ausgangsdurchmesser entnommen, vgl. Bild 42. Es ergab sich für Ma8 und Ck15 praktisch kein Größeneinfluß; dagegen ergaben bei Ck35 große Zugproben eine um ca. 7 % niedrigere Fließspannung, vgl. Bild 43. Bei den kleinen Versuchsproben bestand außerdem die Möglichkeit, Unterschiede der Werkstoffeigenschaften zwischen Achse und Randzone des Stabmaterials zu erfassen; solche Unterschiede waren aber in der Streuung der Meßergebnisse nicht festzustellen.

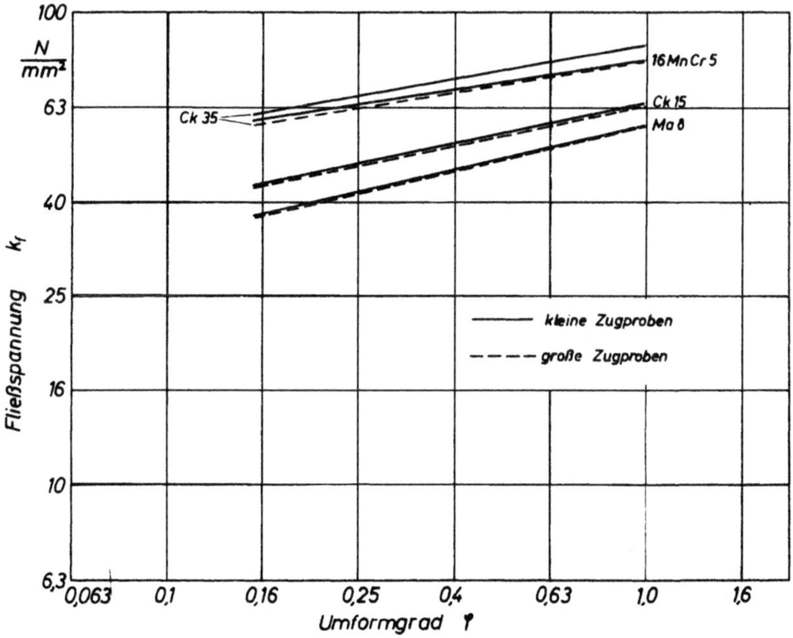

Bild 9 : Fließkurven der Versuchswerkstoffe

Bild 43: Fließkurven der Versuchswerkstoffe (vgl. Bild 42) [192].

Für den Flachzugversuch finden sich Angaben über den Größeneinfluß unter Berücksichtigung der Ähnlichkeitstheorie in 199, 2oo]. Eine Diskussion aller genannten Forderungen im Hinblick auf einen Größeneinfluß bei der Fließkurvenaufnahme, ergänzt durch einige Versuche, finden sich für den Fall des Zylinderstauchversuches in [193], vgl. Tab.11. Im Rahmen der Fehlergrenzen wurde weder für konventionelle Schmierung noch für Haftreibung bei den Versuchen ein Größeneinfluß beobachtet. Dieses Ergebnis kann nach Ansicht der Verfasser zu größeren Abmessungen hin extrapoliert werden, zu kleineren aber nur soweit diese noch groß sind gegen die Gefügestrukturen.

Tab.11: Verwendete Werkstoffe und Probenabmessungen für Zylinderstauchversuche zum Größeneinfluß [193].

Werkstoff	$\frac{h_o}{mm}$	$\frac{r_o}{mm}$	Größenmaßstab	Volumenmaßstab
RSt37-1	1o,5	7	1	1
	3o	2o	2,85	23
	43,5	29	4,14	71
Al99,5	14,25	9,5	1	1
	31,5	21	2,21	11
	57	38	4	64
E-Cu99,9	1o,5	7	1	1
	21	14	2	8
	42	27	3,86	57

Abweichend von den Angaben in [193] wurde in [37] ein Größeneinfluß beim Zylinderstauchversuch beobachtet. Als mögliche Ursache wurde angegeben, daß durch Abfließen des Schmierstoffes am Rand der Stirnfläche eine ringförmige Zone mit metallischem Kontakt zur Stauchbahn entsteht. Das Verhältnis dieser Fläche zur gesamten Stirnfläche ist größenabhängig.

Ein weiterer Größeneinfluß ergibt sich daraus, daß die in der Probe gespeicherte elastische Energie größenabhängig ist [195].

Die derzeit gültigen Normen und Richtlinien zum Zug- und Stauchversuch (DIN 50125, DIN 50145, DIN 50114, Stahl-Eisen-Prüfblatt 1123) lassen in Bezug auf die Probengröße noch einen großen Spielraum.

6.3 Abschätzung von Fließkurven ohne experimentelle Bestimmung

Ohne ins Detail zu gehen, sei der Vollständigkeit halber darauf hingewiesen, daß im Prinzip für einen Werkstoff bekannter Zusammensetzung und bekannten Gefügezustandes die Fließkurve ungefähr vorhergesagt werden kann.
Hierfür werden im allgemeinen Fall folgende Angaben benötigt:

1. Die Fließkurve eines ungefähr vergleichbaren Werkstoffes muß bekannt sein. Angaben über Fließkurven bei Raumtemperatur können z.B. aus [13, 98, 2o1] entnommen werden, und entsprechende Angaben für erhöhte Temperaturen aus [24,2o2,2o3].

2. Im allgemeinen Fall wird eine im Schrifttum angegebene Fließkurve nicht exakt für die chemische Zusammensetzung und den Gefügezustand des interessierenden Werkstoffes gelten. Dann ist auf die Abweichungen zu korrigieren. Angaben über den Einfluß der Legierungselemente und des Gefügezustandes auf die Fließkurve sind z.B. in [98, 105] zusammengestellt.
Nach Wagenbach und Jonck kann auf Grund der chemischen Analyse und mechanisch-technologischer Stoffwerte bei unlegierten und legierten Stählen die Fließkurve in Näherung berechnet werden [204,205].
Auch die wichtigsten Werkstoffkennwerte R_m, R_p, A_5, Z können mit einer Genauigkeit von etwa 5... 8 % in Abhängigkeit vom Umformgrad vorausgesagt werden.
Voraussetzung für die Anwendung des Verfahrens ist mindestens die Kenntnis der Analyse sowie der Zugfestigkeit bzw. Brinellhärte) des unverfestigten Stahles.
Eine auf solche Weise erhaltene Fließkurve wird i.allg. nicht

genau gelten, zumal schon innerhalb eines Erzeugnisses Zusammensetzungs- und Gefügeunterschiede auftreten können.

7 Zusammenfassung

Die verschiedenen Methoden zur Aufnahme der Fließkurven metallischer Werkstoffe werden beschrieben und diskutiert. Dabei wird unterschieden zwischen Prüfverfahren für massives Material (Stabmaterial oder Grobblech) und solchen für Feinblech. Bei den Verfahren für massives Material hat neben dem bekannten genormten Zugversuch an Rundstäben der Zylinderstauchversuch eine überragende Bedeutung. Dieser Versuch ist in zahlreichen Abwandlungen bekannt, von denen insbesondere die Methode von Rastegaev ausführlich behandelt und durch eigene Experimente vertieft wird.
Bei den Prüfverfahren für Feinblech wird neben dem genormten Flachzugversuch vor allem der neuartige ebene Torsionsversuch an Hand eigener Experimente und theoretischer Betrachtungen erörtert. Dieser Versuch eröffnet die Möglichkeit, die Fließkurven dünner Bleche bis zu weit höheren Umformgraden als im Flachzugversuch zu bestimmen.
Die Erfassung der Anisotropieeigenschaften von Blechwerkstoffen wird beschrieben.
Abschließend wird die Übertragbarkeit der Versuchsergebnisse unter den Gesichtspunkten der Reproduzierbarkeit, der Ähnlichkeitsmechanik und des Größeneinflusses behandelt.
Im Rahmen der Arbeit steht die Verformung der Versuchsproben im Vordergrund. Meßtechnische Fragen und die Prüfmaschinen werden nur soweit in diesem Zusammenhang nötig behandelt.

8 Anhang

Zur Theorie des ebenen Torsionsversuches

Bild 36 zeigt einen ursprünglichen Radiusvektor (A_oB) nach Drehung der inneren Spannbacke um den Winkel α.
Für die Schiebung am Punkt C gilt

$$\gamma = \mathrm{tg}\,\eta \tag{A1}$$

Hierin ist η der Winkel zwischen der Tangente t_c an die Kurve AB im Punkt C und dem Radiusvektor im Punkt C.

Aus dem Dreieick CC'C" wird für die Schiebung im Radialabstand r abgelesen

$$\gamma(r,\alpha) = - \left.\frac{r\,\partial\vartheta}{\partial\, r}\right|_{\alpha = \text{konstant}} \tag{A2}$$

Integration liefert

$$\vartheta(r=r_i) = \alpha = \int_{r_i}^{r_a} \frac{\gamma(r,\alpha)\,dr}{r} \tag{A3}$$

Hierin ist α der gemessene Drehwinkel, um den die Spannbacken zueinander verdreht wurden, und $\gamma = \gamma\,(r,\alpha)$.
Eine weitere grundsätzliche Beziehung folgt aus dem Momentengleichgewicht:

$$M\,(\alpha) = 2\,\pi\,r^2 s\,\tau(r,\alpha)\;;\; r_i \leq r \leq r_a \tag{A4}$$

Hierin ist s die Blechdicke. Gl.(A4) gilt für beliebigen Drehwinkel α.

Um einen geschlossenen Zusammenhang zwischen der Schiebung γ (r, α) und dem Drehwinkel α zu finden, ist es notwendig, eine Näherungslösung für die Fließkurve vorzugeben. Zu diesem Zweck wird die Ludwiksche Gleichung (12) angenommen bzw. die entsprechende Beziehung für die Schiebung als Funktion der Schiebung:

$$\tau(\gamma) = \tau_1\,\gamma^{\,n} \tag{A5}$$

Hierin ist τ_1 eine entsprechend definierte Konstante. Aus (A4) folgt mit (A5)

$$\gamma(r,\alpha) = \gamma(r_i,\alpha) \quad (\frac{r_i}{r})^{2/n} \tag{A6}$$

Einsetzen in (A3) liefert nach kurzer Rechnung

$$\gamma(r_i,\alpha) = \frac{2\alpha}{n\left\{1 - (\frac{r_i}{r_a})^{2/n}\right\}} \tag{A7}$$

Für realistische Worte von r_i/r_a und von n kann im Nenner von Gl.(A7) das Korrekturglied vernachlässigt werden. Mit (A6) folgt für die Schiebung in einem beliebigen Radialabstand r

$$\gamma = \gamma(r,\alpha,n) = \frac{2\alpha}{n} (\frac{r_i}{r})^{\frac{2}{n}} \tag{A8}$$

Da in diesem Ausdruck der geschätzte n-Wert eingeht, ist es wünschenswert, die Schiebung für einen solchen Radialabstand zu berechnen, für den sie am wenigsten - oder gar nicht - von diesem n-Wert abhängt.

Im Prinzip wäre es möglich, die Schiebung ohne Zuhilfenahme einer Näherungslösung zu berechnen, und zwar für den Innenrand $r=r_i$. Zu diesem Zweck wird von Gl. (A3) ausgegangen. In dieser Gleichung wird die Integration über dr ersetzt durch eine Integration über die Schubspannung $d\tau$, da jedem Radialabstand ein bestimmter Wert der Schubspannung zugeordnet ist. Für die Schubspannung im Radialabstand r gilt

$$\tau(M,r) = \frac{M}{2\pi s\, r^2} \tag{A9}$$

Es folgt

$$\frac{\partial \tau}{\partial r} = \frac{-2M}{2\pi s\, r^3} \tag{A10}$$

und somit

$$\frac{\partial r}{\partial \tau} = - \frac{2\pi s\, r^3}{2M} \tag{A11}$$

Damit und mit (A2) wird aus (A3)

$$2\alpha = - \int_{\tau(r_i,\alpha)}^{\tau(r_a,\alpha)} \frac{\gamma(\tau)}{\tau}\, d\tau \tag{A12}$$

Differentiation nach M liefert mit Gl.(14)

$$\gamma(r_i,\alpha) - \gamma(r_a,\alpha) = \frac{2M}{\frac{dM}{d\alpha}} \tag{A13}$$

In dieser Gleichung kann i.allg. $\gamma(r_a,\alpha) \approx 0$ angenommen werden, vgl.(A6). Dies ergibt z.B. für $r_i/r_a = 0{,}2$ und $n = 0{,}2$ einen Fehler von 0,1 % für $\gamma(r_i,\alpha)$.
Es ist somit möglich, die Schiebung an der Innenkante mathematisch nahezu exakt zu berechnen, d.h. ohne Zuhilfenahme einer Näherungslösung. Physikalisch ist dies aber sinnlos, da für $r=r_i$ die Störung auf Grund der Einspannung zu groß ist, und da zudem entlang der Kante der inneren Spannbacke ein gewisses Abrutschen des Werkstoffes erfolgt. Diese beiden Effekte können formal zusammengefaßt werden, indem für den Radius r_i der inneren Spannbacke eine Fehlergrenze $\pm G_{r_i}$ berücksichtigt wird. Zudem kann die Ableitung $d\alpha/dM$ in Gl.(A13) nur ungenau aus den Meßdaten berechnet werden.
Daher wird grundsätzlich anders vorgegangen. Schiebung und Fließspannung werden für einen "kritischen Radialabstand" $r^* > r_i$ berechnet, für den die Fehlereinflüsse minimal sind. Dieser Radialabstand wird auf Grund der folgenden Überlegung festgelegt.
Für jeden Radialabstand $r > r_i$ kann die Schiebung i.allg.Fall nur unter Benutzung einer Näherungslösung berechnet werden, vgl. (A8), so daß die Unsicherheit dieser Näherungslösung in das Ergebnis eingeht. Unter diesem Gesichtspunkt ist der Radialabstand so zu bestimmen, daß sich der Fehler des geschätzten n-Wertes möglichst wenig auf die berechnete Schiebung auswirkt. Damit ergibt sich die Bedingung (80).

9 Literatur

[1] (Hrsg.) Lange, K.: Lehrbuch der Umformtechnik(3 Bde), Berlin/Heidelberg/New York: Springer-Verlag 1972-1975.

[2] Stüwe, H.-P.: Die Fließkurven vielkristalliner Metalle und ihre Anwendung in der Plastizitätsmechanik, Z Metallkde 56 (1965), S. 633 - 642.

[3] Herbertz, R.; Wiegels, H.: Der Unterschied zwischen Zug- und Druckfließkurve, gedeutet durch den hydrostatischen Druckeinfluß, Arch. Eisenhüttenwes. 51 (1980), S. 413 - 416.

[4] Schiller,H.: Einfluß der hydrostatischen Spannungskomponente auf die Fließspannung, Arch. Eisenhüttenwes. 53 (1982), S. 368-372

[5] Troost, A.: Einführung in die allgemeine Werkstoffkunde metallischer Werkstoffe Bd.I, Mannheim/Wien, Zürich: Bibliographisches Institut 1980.

[6] Reed-Hill, R. E.: Physical Metallurgy Principles, New York etc.: van Norstrand 1964.

[7] Siebel, E.; Pomp, A.: Zur Weiterentwicklung des Druckversuches, Mitt. KWI Eisenforschung 10 (1928), S.55 - 62.

[8] Krause, U.: Vergleich verschiedener Verfahren zum Bestimmen der Formänderungsfestigkeit bei der Kaltumformung, Dr.-Ing. Diss. TH Hannover 1962.

[9] Lueg, W.; Krause, U.: Formänderungsfestigkeit von Stahl C45 beim Warmstauchen mit mittleren Formänderungsgeschwindigkeiten, Stahl und Eisen 80 (1960), S. 1061 - 1067.

[10] Bühler, H.; Vollmer, J.: Fließkurven metallischer Werkstoffe bei großen Formänderungen und Formänderungsgeschwindigkeiten, Ind.-Anz. 91 (1969), Nr. 83, S. 2021 - 2023.

[11] Siebel, E.; Schwaigerer, S.: Zur Mechanik des Zugversuches, Arch. Eisenhüttenwes. 19 (1948), S. 145 - 152.

[12] Lange, G.: Vereinfachte Ermittlung der Fließkurve metallischer Werkstoffe im Zugversuch während der Einschnürung der Probe, Arch. Eisenhüttenwes.45 (1974), S. 809 - 812.

[13] Hensel, A.; Spittel, Th.: Kraft- und Arbeitsbedarf bildsamer Formgebungsverfahren, Leipzig: Grundstoffindustrie 1976.

[14] Reihle, M.: Ein einfaches Verfahren zur Aufnahme der Fließkurve von Stahl bei Raumtemperatur, Arch. Eisenhüttenwes. 32 (1961), S. 331 - 336.

[15] Nadai, A.; Wahl, M.: Plasticity, New York, London 1931.

[16] El-Magd, E.: Ermittlung der Fließkurven im Zugversuch, Arch. Eisenhüttenwes. 45 (1974), S. 83 - 89.

[17] Stenger, H.: Über die Abhängigkeit des Formänderungsvermögens metallischer Werkstoffe vom Spannungszustand, Dissertation TH Aachen 1965.

[18] Vater, M.; Lienhart, A.: Abhängigkeit des Formänderungsvermögens metallischer Werkstoffe vom Spannungszustand bei unterschiedlich hoher Temperatur und Formänderungsgeschwindigkeit, Bänder Bleche Rohre 13 (1972), S. 387 - 395.

[19] VDI-Richtlinie 3200: Fließkurven metallischer Werkstoffe, Grundlagen, (Oktober 1978).

[20] Stahl-Eisen-Prüfblatt P 1123: Kaltstauchversuch zur Ermittlung des Verfestigungsverhaltens, 1. Ausgabe,

Düsseldorf: Verlag Stahleisen 1973.

[21] Lorrek, W.: Einfluß von hydrostatischem Druck auf Fließspannung und Formänderungsvermögen metallischer Werkstoffe, Dissertation TU Clausthal 1972.

[22] Siebel, E.; Pomp. A.: Die Ermittlung der Formänderungsfestigkeit von Metallen durch den Stauchversuch, Mitt. KWI Eisenforsch. 9 (1927), S. 157 - 171.

[23] Samanta, S. K.: On the limit of plastic deformation in compression of circular cylinders, Int. J Fracture 11 (1975), S. 301 - 313.

[24] Diether, U.: Warmfließkurven von Stählen und ihre Ermittlung im Stauchversuch, Seminar Neuere Entwicklungen in der Massivumformung, Forschungsinstitut Umformtechnik, Stuttgart, 26.-27.6.1979.

[25] Pawelski, O.: Vergleichende Wertung der Prüfverfahren für die Warmumformbarkeit von Metallen, in: Warmumformung und Warmfestigkeit, Symp. Bad Nauheim 1975, Dt. Ges. f. Metallkunde (DGM), Oberursel 1976.

[26] Panknin, W.; Bach, M.: Anleitung zur experimentellen Bestimmung der Fließkurven metallischer Werkstoffe, DFBO-Mitt. 1972, S. 15 - 22.

[27] Nebe, G.; Stenger, H.: Zur Aufnahme von Fließkurven an Stahlproben, Materialprüfung 6 (1964) S. 157 - 162.

[28] Underwood, L.R.: The rolling of metals: Theory and experiment - Part VI: External friction between the rolls and the material, Sheet Metal Industries 22 (1945), S. 1905 - 1913.

[29] Bramley, A. N.; Abowl, N. A.: Stress-strain-curves from the ring test, Proc 15th MTDR Conf. London 1975, S. 431 - 436.

[30] Sachs, G.: Z Metallkde 16 (1924), S. 55.

[31] Sato, Y.; Takeyama, H.: An Extrapolation method for obtaining stress-strain-curves at high rates of strain in uniaxial compression, Tech Rep Tohoku Univ 44 (1980), S. 287 - 302.

[32] Wiegels, H.; Herbertz, R.: Der Zylinderstauchversuch mit großer Reibung zur Bestimmung der Fließspannung (Formänderungsfestigkeit) Stahl und Eisen 99 (1979), S. 1380 - 1390.

[33] Schey, J. A.; et al.: The effect of friction on pressure in upsetting at low diameter-to-height ratios, J Mech Working Technol 6 (1982), S. 23 - 34.

[34] Osakada, K.; et al.: A method of determining flow stress under forming conditions, Annals of the CIRP 30 (1981) S. 135 - 138.

[35] Polakowski, N. H.: The compression test in relation to cold rolling, Iron Steel Inst. 163 (1949), S. 250 - 276.

[36] Pöhlandt, K.: Beitrag zur Aufnahme von Fließkurven bei hohen Umformgraden, Seminar Neuere Entwicklungen in der Massivumformung, Forschungsinstitut Umformtechnik, Stuttgart, 26.-27.6.1979.

[37] Holzer, A.J.: Specimen geometry and friction in dynamic compression, Annals of the CIRP 29/1/1980, S. 135-139.

[38] Rastegaev, M.V.: Neue Methode der homogenen Stauchung von Proben zur Bestimmung der Fließspannung und des Koeffizienten der inneren Reibung (russ.), Zav.Lab. 1940, S. 354.

[39] Turno, A.: Die Bestimmung der Verfestigungskurven an Probenkörpern mit Ausdrehungen an den Stirnflächen, (poln.), Obrobka Plastyczna Poznan 11 (1972),S.123-127

[40] Krokha, V. A.: A Method of determining the flow stress in compression to high degress of plastic deformation, Ind.Lab 40 (1974), S. 754 - 758.

[41] Pöhlandt, K.: Stauchversuch zur Ermittlung von Fließkurven nach Rastegaev, Essen: Girardet 1979(HGF 79/26)

[42] Abschlußbericht zum Forschungsvorhaben ko 579/$\frac{2}{7}$ der DFG: "Untersuchungen zum Kennwert Formänderungsfestikeit - Grenzen und Reproduzierbarkeit", Institut für Bildsame Formgebung, RWTH Aachen 1980.

[43] Chang, T., Shü, U.: The stress-strain relationship of metals under homogenous compression, Scientia Sinica 10 (1961), 3. p. 377 - 385.

[44] Suyarov, D.I.; et al.: Bestimmung der Fließspannung von Metallen (russ.), Zavod.Lab. 21 (1955), S. 97 - 99.

[45] Mezis, Y. Ya.; in: Golivon, V. A.; et.al.: Technik des Kaltschmiedens und Pressens (russ.), Moskau: Mashinostroenie 1970.

[46] Latocha, J.; Rafalski, Z.: Ermittlung der Verfestigungsexponenten von M1E Kupfer und Ms63 Messing (poln.), Rudy Metale 21 (1976), S. 345 - 348.

[47] Krokha, V.A.: Grundgesetze für die Verfestigung von Metallen und Legierungen beim Kaltstauchen (russ.), Kuzn.Stamp. Proizv. 10 (1977), S. 29 - 47.

[48] Rafalski, Z.; Misiolek, Z.: Beurteilen der Plastizität kaltverformter Metalle, Bänder Bleche Rohre 21 (1980), S. 459 - 463.

[49] Yerkovich, L. A.; Gurnieri, G. J.: Compression-creep properties of several metallic and cerment materials at high temperatures, ASTM Procecdings 55 (1955), S. 732 - 754.

[50] Pöhlandt, K.; Roll, K.: Upsetting Test for Determining Stress-Strain-Curves in the Range very high Strains, ASTM-Symp. "Formability 2000 AD", Chicago, 24.-25.6.1980.

[51] Ford, H.: Researches into the deformation of metals by cold rolling, Proc. Inst. Mech. Eng. 159 (1948), S. 115.

[52] Watts, A. B.; Ford, H.: On the basic yield stress curve for a metal,Proc. Inst. mech. Eng. 169 (1955), S. 1141 - 1150.

[53] Green, A. P.: A theoretical investigation of the compression of a ductile material between smooth flat dies, Phil. Mag. 42 (1951), S. 900 - 918.

[54] Hill, R.: The mathematical theory of plasticity, Oxford: Clarendon Press 1950.

[55] Lippmann, H.; Mahrenholtz, O.: Plastomechanik der Umformung metallischer Werkstoffe, Bd. 1, Berlin/Heidelberg/New York: Springer 1967.

[56] Pawelski, O.; et al.: Der Warmumformsimulator des Max-Planck-Institutes für Eisenforschung - ein neues Konzept zur Erforschung schneller Warmumformvorgänge, Stahl und Eisen 98 (1978), S. 165 - 178.

[57] Lonn, A. H.; Schey, J. A.: Development of the plane-strain compression test, Proc NAMRC-II, Madison, Wisconsin, 20.-22.5.1974, S. 165 - 178.

[58] Thomason, P.-F.; et al.: The effect of temperature and strain rate on the yield stress-strain relationship for alloy steels, University of Salford, Dept. of Mech. Eng, Research Report No. 69/33, Salford/England 1969.

[59] Vollmer, J.: Messung der Formänderungsfestigkeit metallischer Werkstoffe vornehmlich bei großen Formänderungen und großen Formänderungsgeschwindigkeiten, Diss. TU Hannover, 1969.

[60] Kaspar, R.; Pawelski, O.: A computer-controlled simulation of hot work by flat compression on a high speed servo-hydraulic testing tachine, in: (ed.) Davies, B. J.: Proc 19th MTDR Conf, Manchester 13.-15.9.1978, London: Macmillan Press 1979.

[61] Bishop, J. F. W.: On the effect of friction on compression and indentation between flat dies, J. Mech. Phys. Solids 6 (1958), S. 132 - 149.

[62] Kubie, J.; Delamare, F.: Mesure de la contrainte d'ecoulement en compression d'un materiau par bipoinconnement. Application a une tôle a acier, Mem. Etudes Sci. Rev. Metallurg.78 (1981), S. 201 - 207.

[63] Sommer, B.: Inhomogenität der Formänderung beim Stauchen, Neue Hütte 25 (1980), S. 451 - 453.

[64] Reicherter, K.: Untersuchungen über das plastische Verhalten zylindrischer Probekörper, Dr.-Ing. Diss., TH Stuttgart 1950.

[65] Straßburger, Chr.; Robiller, G.: Aufnahme der Fließkurve unlegierter Stähle im Kaltstauchversuch, Stahl und Eisen 93 (1973), S. 1164 - 1170.

[66] Abschlußbericht zum Forschungsvorhaben La 155/89 der DFG: Verwendung neuartiger Versuchsproben zur Bestimmung von Fließkurven im Stauchversuch, Institut für Umformtechnik, Universität Stuttgart, November 1981.

[67] Wagener, H.-W.: Die Staucheigenschaften reaktiver und hochschmelzender Metalle, Dr.-Ing. Diss., TH Hannover 1965.

[68] Wiegels, H.; Herbertz, R.: Einfluß der Meßgenauigkeit von Kraft und Weg auf die Unsicherheit bei der Fließkurvenermittlung im Zylinderstauchversuch, Stahl und Eisen 100 (1980), S. 1548 - 1552.

[69] Saluja, S. S.; et al.: A simple method for flow stress determination under metalworking conditions, Ninth North American Manufacturing Res Conf (NAMRC), May 19.-22., 1981, The Pennsylvania State University, University Park, Pa/USA.

[70] Pöhlandt, K.; Nester, W.: Bestimmung von Fließkurven im Stauchversuch. Ein Überblick, I.: Draht 8 (1981), S. 70 - 75, II: Draht 8 (1981), S. 119 - 121.

[71] Pöhlandt, K.: Beitrag zur Optimierung der Probengestalt und zur Auswertung des Torsionsversuches, Dr.-Ing. Diss., TU Braunschweig 1977.

[72] Pöhlandt, K.: Testing strain-rate sensitive materials in the torsion test, Materialprüf. 22 (1980), S. 399 - 406.

[73] Pöhlandt, K.; Lach, E.: Beitrag zur Prüfung metallischer Werkstoffe im Torsionsversuch, Rheol Acta 20 (1981), S. 536 - 541.

[74] Stüwe, H.-P.; Turck, H.: Zur Messung von Fließkurven im Torsionsversuch, Z Metallkde 55 (1964), S. 699 - 703.

[75] Barraclough,D.R.;et.al.:Effect of specimen geometry on hot torsion test results for solid and tubular specimens, J Testing Eval (JTEVA) 1 (1973), S. 220 - 226.

[76] (Hrsg.) Verein Deutscher Eisenhüttenleute (VdEh): Grundlagen der bildsamen Formgebung, Düsseldorf: Verlag Stahleisen 1966.

[77] Nadai, A.: Theory of the flow and fracture of solids, New York: Mc Graw Hill 1950.

[78] Witzel, W.: Inhomogene Verformung auf Grund von Texturänderungen. Z Metallkde 69 (1978), S. 337 - 343.

[79] Brown, M. W.: Torsion stress in tubular specimens, J Strain Analysis 13 (1978), S. 23 - 28.

[80] Krokha, V. A.: Methods of plotting hardening curves based on torsion tests (Survey), Ind Lab 1976, S. 798 - 801.

[81] Shvartsbart, Ya. S.; et al.: Mechanical methods of testing, Ind. Lab 1978, S. 791 - 794.

[82] Sellars, C. M.; Tegart, W. J.: La relation entre la resistance et la structure dans la deformation a chaud, Mem. scient.Rev. Metall. 63 (1966), S. 731 - 746.

[83] (Hrsg.) Blumenauer, H.: Werkstoffprüfung, Leipzig: VEB Deutscher Verlag für Grundstoffindustrie.

[84] Häßner, F.; Hemminger, W.: Gespeicherte Energie in Kupfer nach Walzen und Torsion, Z Metallkde 69 (1978), S. 553 - 563.

[85] Heil, H. P.; Lienhart, A.: Ermittlung isothermer Fließkurven von Stählen bei Temperaturen von 20 bis 200°C, Arch. Eisenhüttenwesen 45 (1974), S. 91 - 98.

[86] Schack, J.: Das Verhalten der Formänderungsfestigkeit von Eisen-Mangan-Kohlenstoff-Legierungen im Bereich der Blauwärme, Diss. TH Hannover 1965.

[87] Doraivelu, S. M.; Gopinathan, Y.: Determination of flow stress of 18-4-1 alloy steel taking into account the change in temperature during dynamic deformation, Trans IIM 32 (1979), S. 42 - 46.

[88] Bauer, D.: Der Einfluß hoher Formänderungsgeschwindigkeiten auf die Kaltumformung von Stahl, Kupfer und Aluminium, Reihe 2 der Fortschritt-Berichte der VDI-Zeitschriften, Nr. 26, Düsseldorf: VDI-Verlag 1973.

[89] Dressel, P.-G.: Der Warmzugversuch als Prüfverfahren zur Ermittlung von Kennwerten für die Warmumformbarkeit von Stählen, in: (Hrsg.) Verein Deutscher Eisenhüttenleute (VdEh): Ermittlung von Kennwerten für die Warmumformbarkeit von Stählen, Düsseldorf: Stahleisen 1972.

[90] Ilschner, B.: Hochtemperatur-Plastizität, Berlin/Heidelberg/New York: Springer 1973.

[91] Hawkyard, J. B.; et al.: A wedge plastometer for hot multistage compression testing, J Mech Working Technol 1 (1978), S. 291 - 298.

[92] Holzer, A. J., Brown, R. H.: Mechanical behaviour of metals in dynamic compression, Trans ASME, J Eng Mater Technol 101 (1979), S. 238 - 246.

[93] Immarigeon, J.-P. A.; et al.: A hot compression testing apparatus for the study of isothermal forging, Journal of Testing and Evaluation (JTEVA) 8 (1980), S. 273 - 281.

[94] Wulf, G. L.: High strain rate compression of titanium and some titanium alloys, Int J Mech Sci 21 (1979), S. 713 - 718.

[95] Slater, R. A. C., et al.: Strain rate and temperature effects during the fast upsetting of short circular cylinders of 0,55% plain carbon steel at elevated temperatures, Annals of the CIRP 19 (1971), S. 513 - 527.

[96] Lahoti, G. D.; Altan, T.: Prediction of temperature distributions in axisymmetric compression and torsion, Trans ASME, J Eng Mater Technol 97(1975)2, S.113-120.

[97] Metzler, H.-J.: Über den Einfluß der Werkzeuggeschwindigkeit auf den Stauchvorgang, Institut für Umformtechnik, Stuttgart, Bericht Nr. 21, Essen: Girardet 1970.

[98] Meyer-Nolkemper, H.: Fließkurven metallischer Werkstoffe, HFF-Bericht Nr. 4, Hannoversches Institut für Fertigungsfragen, Hannover 1978.

[99] Bühler, H.-E.: Der Warmstauchversuch zur Ermittlung von Kennwerten für die Warmumformbarkeit von Stählen, in: (Hrsg.) Verein Deutscher Eisenhüttenleute (VdEh): Ermittlung von Kennwerten für die Warmumformbarkeit von Stählen, Düsseldorf: Stahleisen 1972.

[100] Wiegels, H.; Herbertz, R.: Die Fließkurvenermittlung bei höheren Umformgeschwindigkeiten im Zylinderstauchversuch mit geringer und mit großer Reibung, Stahl und Eisen 101 (1981), S. 1127 - 1132.

[101] Itihara, M.: Rep Tohoku Univ 11 (1935), S. 489, 512, 528, zitiert in: Siebel, E.: Handbuch der Werkstoffprüfung Bd. 2, Berlin: Springer 1939.

[102] Horiuchi, M. R.; et al.: The characteristics of the torsion test for assessing hot workability of aluminium alloys, Inst Space Aeronautical Science, Univ of Tokyo, Rep. No. 443, Tokyo 1970.

[103] Sheppard, T.; Wright, D. S.: Determination of flow stress pt 1: constitutive equations, Metals Technology 6 (1979), S. 215 - 223.

[104] Wright, D. S.; Sheppard, T.: Determination of flow stress, pt 2: Radial and axial temperature distribution during torsion testing, Metals Technology 6, (1979), S. 224 - 229

[105] Weber, K.-H.: Der Warmtorsionsversuch und seine Aussage als Maß für das Umformverhalten der Stähle bei höherer Temperatur, Habil.-Schrift, B.A. Freiburg 1968.

[106] Hertel, J.: Untersuchungen zur Warmumformbarkeit von Stählen mit dem Warmverdrehversuch in: Ermittlung von Kennwerten für die Warmumformbarkeit von Stählen, Düsseldorf: Verlag Stahleisen 1972.

[107] Preiser, H.: Der Warmtorsionsversuch und seine unterschiedlichen Verfahren zur Aufnahme von Fließkurven, Diss. TU Clausthal, 1972.

[108] Vanovsek, W.; Trenkler, H.: Neuere Untersuchungen an einer Warmtorsionsanlage, Berg u. Hüttenm. Monatsh. 122 (1977), S. 397 - 409.

[109] Witzel, W.: Einsatzmöglichkeit des Torsionsversuches bei der Untersuchung metallischer Werkstoffe, Radex-Rdsch. 1980, S. 151 - 160.

[110] Blankenagel, H.-J.; Fischer, F.: Über die Messung des Formänderungsverhaltens von Fe-Legierungen und Messing bei höchsten Umformgeschwindigkeiten, Blech Rohre Profile 26 (1979), S. 155 - 162.

[111] Jähn, F.: Ein neues Verfahren zur Bestimmung der Fließspannung von metallischen Werkstoffen bei höchsten Dehngeschwindigkeiten, Dr.-Ing. Diss. TH Karlsruhe 1979.

[112] Holzer, A. J.: A tabular summary of some experiments in dynamic plasticity, Trans ASME, J Engng Mater Technol 101 (1979), S. 231 - 235.

[113] Bauer, D.: Der dynamische Aufweitversuch, ein Meßverfahren zur Ermittlung der Formänderungsfestigkeit bei großen Formänderungsgeschwindigkeiten, Ind.-Anz. 96 (1974), S. 1886 - 1887 (HGF 74/54).

[114] Hopkinson, B.: The effect of momentary stresses in metals, Proc Roy Soc 74 (1905), S. 498 - 506.

[115] Kolksky, H.: An investigation of the mechanical properties of materials at very high rates of loading,

Proc Phys Soc B 62 (1949), S. 676 - 700.

[116] Ogushi, A.; Yoshida, S.: A magnetostrictive load cell für use under high hydrostatic pressure, Jap J Appl Phys 7 (1968), S. 622 - 678.

[117] Sismincev, V. F.; et al.: Anordnung zur Werkstoffprüfung unter hydrostatischem Druck (russ.), Zavod Lab 44 (1978), S. 1279 - 1280.

[118] Bogatov, A. A.; et al.: Eine Untersuchung der Plastizität von Metallen unter hydrostatischem Druck (russ.); Fiz. Met. Metalloved 45 (1978), S. 1089 - 1094.

[119] (Hrsg.) Pugh, H. L. D.: Mechanical behaviour of materials under pressure, Amsterdam: Elsevier 1970.

[120] Waitzmann, K.: Bestimmung der Streckgrenze mittels einer Kugelschubhärte, Materialprüfung 1 (1959), S. 261 - 268.

[121] Kortensky, M.; et al.: Eine Methode zur Ermittlung des Spannungs-Dehnungsdiagramms bei Metallen durch Eindringen von kugelförmigen Stempeln, Materialprüfung 20 (1978), S. 269 - 273.

[122] Singer, A. R. E.; Evans, R. W.: New technique for rapid measurement of high-temperature flow stress, Metals Technology 7 (1980), S. 142 - 145.

[123] Heubner, U.: Fachbericht Superplastizität, Deutsche Gesellschaft für Metallkunde (DGM), Oberursel 1978.

[124] Höneß, H.: Über das plastische Verhalten von Sintermetallen bei Raumtemperatur, Bericht aus dem Institut für Umformtechnik, Universität Stuttgart, B 40, Essen: Girardet 1976.

[125] Huppmann, W. J.; Hirschvogel, M.: Powder Forging, Int Metallurg Rev 23 (1978), S. 209 - 240.

[126] Rao, K. P.; et al.: Flow curves and deformation of materials at different temperatures and strain rates, J Mech Working Technol 6 (1982), S. 63 - 88.

[127] Schmidt, W.: Die Kennzeichnung der Eignung von Vormaterial für die Kaltmassivumformung in Versuchen, Draht 31 (1980), S. 891 - 899.

[128] Köstler, H. J.; Sidan, H.: Vergleich der in Zug- und in Stauchversuch ermittelten Kennwerte für die Verfestigung der Stähle Ck 10, Ck 35, Ck 45, Ck 60, Radex-Rundschau (1976), S. 770 - 781.

[129] Christ, R. W.; Swanson, S. R.: Alignment problems in the tensile test, J. Testing Eval (JTEVA) 4 (1976), S. 405 - 417.

[130] Pink, E.: Die Normung des Zugversuches aus metallphysikalischer Sicht, Berg- und Hüttenm. Mh 125 (1980), S. 107 - 112.

[131] Bauer, F.; et al.: Beitrag zur Analyse der Reproduzierbarkeit von Kennwerten im geregelten Zugversuch, Berg-u.hüttenm Mh.125 (1980), S. 113 - 116.

[132] Kurzmann, W.; Heimbrodt, P.: Einfluß der Beanspruchungsbedingungen auf die Ergebnisse des Zugversuches, Neue Hütte 24 (1979), S. 426 - 430.

[133] Baptista, A. A.; Fortes, M. A.: Computer simulation of the tensile test, J Testing Eval (JTEVA) 7 (1979), S. 254 - 263.

[134] Späth, W.: Gestaltabweichungen eines Probestabes im Zugversuch, Metall 30 (1976), S. 752 - 754.

[135] Thomsen, E. G.: A direct method for obtaining an effective stress-strain-curve from a tension test, First North American Metalworking Research Conference (NAMRC) Proc Amherst, Massachusetts, May 25.-27.1977.

[136] Sieker, W.: Auswertung von Zugversuchen mit programmierbaren Tischrechnern, Gießerei 64 (1977), S. 29-33.

[137] Bauerfeind, E.: Wege zur Automatisierung der Zugprüfung, Fachber Hüttenpraxis Metallweiterverarb 15 (1977), S. 318 - 321.

[138] Wiegels, H.; Herbertz, R.: Der Zylinderstauchversuch - ein geeignetes Verfahren zur Fließkurvenermittlung ?, Stahl und Eisen 101 (1981), S. 1487 - 1492.

[139] Dripke, M.: Verfahren und Einrichtungen zum Messen der Verformung beim Zug-, Druck- und Biegeversuch, wt.Z ind Fertigg 67 (1977), S. 287 - 291.

[140] Jacoby, G.; Mall, G.: Probleme beim Zugversuch und bei der Entwicklung von Zugprüfmaschinen,Berg-u.Hüttenm. Mh. 122 (1977), S. 264 - 274.

[141] Roeder, E.; et al.: Ein elektronisch gesteuertes Plastometer für Zug- und Druckversuche, Materialprüf. 21 (1979), S. 345 - 349.

[142] Gillis, P. D.: Tensile deformation of a flat sheet, Int J Mech Sci 21 (1979), S. 109 - 117.

[143] Il'inskii, A. I.; Lyakh, G. E.: Mechanical Methods of Testing, Ind.Lab. (1979), S. 1719 - 1720.

[144] DIN-Normblatt 50114: Zugversuch ohne Feindehnungsmessung an Blechen, Bändern oder Streifen mit einer Dicke unter 3 mm, August 1981.

[145] Ghosh, A. K.: The influence of strain hardening and strain-rate sensitivity on sheet metal forming, Trans ASME, J Engng Mater Technol 99 (1977), S. 254 - 273.

[146] Dripke, M.; Wörner, H. P.: Senkrechte Anisotropie und Verfestigungsexponent n, Bänder Bleche Rohre 20 (1979), S. 286 - 291.

[147] Ludwigson, D. C.: A rapid test for the assessment of steel sheet and tinplate properties, J Testing Eval (JTEVA) 7 (1979), S. 391 - 309.

[148] Wagoner, R. H.: Measurement and analysis of plane-strain work hardening, Metallurg Trans 11A (1980), S. 165 - 175.

[149] Pawelski, O.: Über das Stauchen von Hohlzylindern und seine Eignung zur Bestimmung der Formänderungsfestigkeit dünner Bleche, Arch.Eisenhüttenwes.38 (1967), S. 437 - 442.

[150] Chait, R.; Curll, C. H.: Evaluating Engineering Alloys in Compression, in: Recent Developments in Mechanical Testing, ASTM STP 608, American Society for Testing and Materials, Philadephia 1976.

[151] Hill, R.: A theory of plastic bulging of a metal diaphragm by lateral pressure, Phil Mag Ser 7, 41 (1950), S. 1133 - 1142.

[152] Panknin, W.: Die Bestimmung der Fließkurve und der Dehnungsfähigkeit von Blechen durch den hydraulischen Tiefungsversuch, Ind.-Anz. 86 (1964), S. 915 - 918.

[153] Gologranc, F.: Beitrag zur Ermittlung von Fließkurven im kontinuierlichen hydraulischen Tiefungsversuch, Bericht aus dem Institut für Umformtechnik Stuttgart, Nr. 31, Essen: Girardet 1975.

[154] Sawada, T.: Error estimates during stress-strain-diagram measured with hydraulic bulge test, Dep of Mech Mech Engng, Tokyo Univ of Agriculure and Technology, Priv Rep 1981.

[155] Schott, K.: Plastische Verformung und Stabilität beim hydraulischen Tiefungsversuch, Dr.-Ing.Diss., TU Braunschweig 1973.

[156] Fazli Isahi, M.: Effects of anisotropy and diaphragm size on biaxial stress-strain curves for sheet metals, J Strain Analysis 16 (1981), S. 53 - 57.

[157] Marciniak, Z.; Kolodziejski, J.: Assessment of sheet metal failure sensitivity by method of torsioning the rings, J Proc 7th Biannual Congr of the IDDRG, Amsterdam 1972, S. 61 - 64.

[158] Marciniak, Z.; et al.: Die Bestimmung einiger plastischer Eigenschaften von Blechen mit Hilfe der Torsionsmethode (poln.) Obrobka Plastyczna 12 (1973), S. 61 - 65.

[159] Sowerby, R.; et al.: On in-plane torsion testing of sheet metal, J Mech Eng Sci 19 (1977), S. 213 - 220.

[160] Kastner, P.: Vorschlag für eine schnelle technologische Methode zur Bestimmung von Fließkurven an Blechen und Bändern, Blech Rohre Profile 26 (1979), S. 303 - 308.

[161] Hart, E. W.: Theory of the tensile test, Acta Metallurg 15 (1967), S. 351 - 355.

[162] Kleemola, H.-J.; Ranta-Eskola, A. J.: Effect of strain-rate and deformation temperature on the strain-hardening of sheet-steel and brass in uniaxial tension, Sheet Metal Ind 56 (1979), S. 1046 - 1057.

[163] Kluge, S.: Einfluß der Umformgeschwindigkeit auf die mit der Tiefziehbarkeit korrelierenden Kenngrößen, Umformtechnik (Zwickau) 12 (1978), S. 11 - 20.

[164] Korhonen, A. S.; Kleemola, H.-J.: Effect of strain-rate and deformation heating in tensile testing, Metallurg Trans 9A (1978), S. 979 - 986.

[165] Ranta-Eskola, A. J.: Effect of loading path on stress-strain relationships of sheet steel and brass, Metals Technology 7 (1980), S. 45 - 49.

[166] Abschlußbericht zum Forschungsvorhaben La 155/93 der DFG: "Bestimmung der Fließkurven von Blechen im Scherversuch", Institut für Umformtechnik, Universität Stuttgart 1982.

[167] Wassermann, G.; Grewen, J.: Texturen metallischer Werkstoffe, 2. Aufl., Berlin/Heidelberg/New York: Springer 1962.

[168] Weissenberg, K.: Ann. Phys. Lpz.69 (1922) 409 - 435. Siehe auch Gonell, H. W.: Handbuch der physikalischen technischen Mechanik IV, 2.Hälfte, S. 272 - 285 Leipzig 1931.

[169] Reissner, J.: Fließkurven und Fließortkurven, in: (Hrsg.) Lange, K.: Lehrbuch der Umformtechnik, Bd. 1, Grundlagen, 2.Auflage, Berlin/Heidelberg/New York: Springer-Verlag 1982.

[170] Reissner, J.: Bedeutung der Fließkurve in der Blechumformung. Demnächst: Blech, Rohre, Profile.

[171] Althoff, J.; Wincierz, P.: The Influence of Texture on the Yield Loci of Copper and Aluminium, Z.Metallkde 63 (1973), S. 623 - 633.

[172] Viana, C. S.; et al.: The use of texture data to predict the yield locus of metal sheets, Int J Mech Sci 21 (1979), S. 355 - 371.

[173] (Hrsg.) Grewen, J.; Wassermann, G.: Texturen in Forschung und Praxis, Proc, Symp. Clausenthal 2-5/10/1968, Berlin/Heidelberg/New/York: Springer-Verlag 1969.

[174] Grewen, J.: Entstehung von Verformungstexturen, In (Hrsg.) Stüwe, H.-P.: Mechanische Anisotropie, Wien/New York: Springer-Verlag 1974.

[175] (Bd.) Gottstein, G.; Lücke, K.: Textures of Materials, 5th Int Conf.Aachen, March 28-31, 1978, Berlin/Heidelberg/New York: Springer-Verlag 1978 (2 Bde).

[176] Wagoner, R. H.: Comparison of plane-strain and tensile work hardening in two sheet alloys, Metallurg Trans 12A (1981), S. 877 - 882.

[177] Wheeler, R. G.; Ireland, D. R.: Multiaxial plastic flow zircaloy-2 determined from hardness data, Electrochem. Technology 4 (1966), S. 313 - 317.

[178] Schröder, G.: Über die Anisotropie des plastischen Verhaltens stranggepreßter Stäbe aus hexagonalen Metallen, Bericht aus dem Institut für Umformtechnik, Universität Stuttgart, Nr. 26, 1974, Verlag Girardet, Essen.

[179] Blaich, M.: Beitrag zum Ziehen von Blechteilen aus Aluminiumlegierungen, Bericht aus dem Institut für Umformtechnik, Universität Stuttgart, Nr.61, Berlin/Heidelberg/New York: Springer-Verlag 1981.

[180] Arthey, R. P.; Hutchinson, W. B.: Variation of plastic strain ratio with strain level in steels, Metallurg Trans 12A (1981), S. 1817 - 1822.

[181] Liphardt, M.; Vlad, C. M.: Einfluß von Probenform und -Vorbereitung auf die r-Wert-Bestimmung, Materialprüf. 18 (1976), S. 465 - 467.

[182] Schmidt, W.: Die senkrechte Anisotropie von Feinblechen, Blech Rohre Profile 25 (1978), S. 271 - 275.

[183] Michaelis, E. E.: The r and n test for every day testing in the sheet metal industry. Sheet Metal Industries 56 (1979), S. 936 - 941.

[184] Bischoff, W.: Anisotropie of deep drawing sheet, Blech Rohre Profile 28 (1981), S. 302 - 307.

[185] Hasek, V.: Einfluß der plastischen Anisotropie beim Ziehen von großen Blechteilen, Ind.-Anz. 95 (1973), S. 545 - 546 (HGF 74/13).

[186] Anschütz, R.-W.: Ermittlung der Zipfelgröße, nutzbarer Teilehöhe und des Rondendurchmessers in Abhängigkeit von der Werkstoffanisotropie, Umformtechnik (Zwickau) 14 (1980) 5, S. 21 - 29.

[187] Hinkfoth, R.; König, H. D.: Berechnung der Formänderungsfestigkeit k_f bei der Warmformgebung mit Hilfe von Koeffizienten, Neue Hütte 12 (1967), S. 212 - 214.

[188] Sieche, G.; Rindelhardt, O.: Praxisnahe Ermittlung der Umformkraft und Umformbarkeit, Fertigungstechnik und Betrieb 30 (1980), S. 229 - 233.

[189] Herbertz, R.; Wiegels, H.: Zur Definition eines Vergleichsumformgrades bei inhomogener plastischer Umformung, Arch. Eisenhüttenwes. 51 (1980), S. 143 - 145.

[190] DIN 1605 Blatt 1: Mechanische Prüfung der Metalle. Allgemeines und Abnahme, Februar 1936.

[191] Pawelski, O.: Beitrag zur Ähnlichkeitstheorie der Umformtechnik, Arch. f.d.Eisenhüttenwesen 35 (1964), S. 27 - 36.

[192] Kast, D.: Modellgesetzmäßigkeiten beim Rückwärtsfließpresen geometrisch ähnlicher Näpfe, Bericht aus dem Institut für Umformtechnik der Universität Stuttgart, Nr. 13, Essen: Verlag Girardet 1969.

[193] Herbertz, R.; et al.: Zum Einfluß der absoluten Probengröße bei der Ermittlung von Fließkurven in Zylinderstauchversuchen, Draht 32 (1981), S.493-495.

[194] Berns, H.: Metallurgisch bedingter Größeneinfluß in Stählen, Ind.-Anz. 102 (1980), 93, S. 28 - 31.

[195] Tomenko, Yu. S.; et al.: Effect of specimen shape and size on the mechanical characteristics of St3sp steel, Ind.Lab. 1979, S.461 - 464.

[196] Dorn, L.; Niebuhr, G.: Vergleich der Kennwerte von Mikrozugproben und genormten Zugproben, Materialprüfung 21 (1979), S. 225 - 228.

[197] Bauer, F.; et al.: Beitrag zur Analyse der Reproduzierbarkeit von Kennwerten im geregelten Zugversuch, Berg- und Hüttenm. Mh. 125 (1980), S. 113-119.

[198] Miyazaki, S.; et al.: Effect of specimen size on the flow stress of rod specimens of polycrystalline Cu-Al alloy, Scripta Metallurg. 13 (1979), S. 447 - 449.

[199] Stepanov, D. R.; Khachatryan, S. R.: Choosing the dimesions of flat specimens for tensile tests of metals, Ind. Lab. 1971, S. 1246 - 1247.

[200] Goh,T.N., Shang,H.M.; Effects of shape and size of tensile specimens on the stress-strain relationship of sheet metal, J Mech Working Technol 7 (1982), S.23-37

[201] VDI,Arbeitsblatt 3200 bis 3202: Fließkurven metallischer Werkstoffe, Oktober 1978.

[202] (Hrsg.) Deutsche Gesellschaft für Metallkunde (DGM): Atlas der Warmformgebungseigenschaften von Nichteisenmetallen, Bd.1: Aluminiumwerkstoffe, Bd.2: Kupferwerkstoffe, Oberursel: DGM 1978.

[203] Neuberger, F.; et al.: Klassifikation gebräuchlicher Schmiedewerkstoffe durch Stauchversuche, Masch.-B.-Techn. 7 (1958), S.249 - 254.

[204] Leykamm, H.: Berechnung der Fließkurve von Fließpreßstählen und der Festigkeit, Bruchdehnung und Brucheinschnürung kaltumgeformter Werkstücke aus der Werk-

stoffanalyse nach Wagenbach, Draht 29 (1978), S. 648-651.

[205] Jonck, R.; et al.: Einfluß der Legierungselemente auf das Kaltumformverhalten, ZwF 69 (1974), S. 419 - 424.

Berichte aus dem Institut für Umformtechnik der Universität Stuttgart

Herausgeber Professor Dr.-Ing. Kurt Lange

1 **Untersuchung über den Einfluß der Belastungszeit auf die Streuung der Rückfederung von Biegeteilen**
Von Dipl.-Ing. Klaus Tafel. 70 Seiten Text u. 64 Seiten mit 49 Bildern u. 15 Tafeln. Vergriffen

2/3 **Untersuchungen über das freie Napfen**
Von Dipl.-Ing. Gerhard Schmitt und Dipl.-Ing. Dieter Schmoeckel.
Untersuchungen über den Kraft- und Arbeitsbedarf sowie den Umformwirkungsgrad beim Vorwärts-Vollfließpressen von Stahl
Von Dipl.-Ing. Dieter Kast. 40 Seiten Text u. 43 Seiten mit 47 Bildern u. 5 Tafeln. 28,— DM

4 **Untersuchungen über die Werkzeuggestaltung beim Vorwärts-Hohlfließpressen von Stahl und Nichteisenmetallen**
Von Dipl.-Ing. Dieter Schmoeckel. 72 Seiten Text u. 117 Seiten mit 179 Bildern. 39,— DM

5 **Untersuchungen über das Stauchen und Zapfenpressen**
Von Dipl.-Ing. Märten Burgdorf. 126 Seiten Text u. 58 Seiten mit 138 Bildern u. 4 Tafeln. 55,— DM

6 **Untersuchungen über die Streuung der Kräfte und Arbeiten beim Fließpressen in der laufenden Fertigung und den Einfluß der Phosphatschichtdicke und des Schmiermittels**
Von Dipl.-Ing. Hans-Dietrich Witte. 38 Seiten Text u. 48 Seiten mit 49 Bildern. 30,— DM

7 **Untersuchungen über das Rückwärts-Napffließpressen von Stahl bei Raumtemperatur**
Von Dipl.-Ing. Gerhard Schmitt. 132 Seiten Text u. 93 Seiten mit 130 Bildern u. 5 Tafeln. 34,— DM

8 **Die Abbildegenauigkeit beim Biegen im 90°-V-Gesenk und ihre Beeinflussung durch Nachdrücken im Gesenk**
Von Dipl.-Ing. Eckart Dannenmann. 50 Seiten Text u. 31 Seiten mit 28 Bildern u. 1 Tafel. Vergriffen

9 **Untersuchungen über den Zusammenhang zwischen Vickershärte und Vergleichsformänderung bei Kaltumformvorgängen**
Von Dipl.-Ing. Hans Wilhelm. 50 Seiten Text u. 35 Seiten mit 37 Bildern u. 2 Tafeln. Vergriffen

10 **Untersuchungen über das Abstreckziehen von zylindrischen Hohlkörpern bei Raumtemperatur**
Von Dipl.-Ing. Rolf K. Busch. 86 Seiten Text u. 92 Seiten mit 97 Bildern. Vergriffen

11 **Vorgänge beim elektromagnetischen und elektrohydraulischen Umformen von metallischen Werkstücken**
Von Dipl.-Ing. Herbert Müller. 90 Seiten Text u. 110 Seiten mit 93 Bildern u. 10 Tafeln. 22,— DM

12 **Ein Verfahren zur näherungsweisen Berechnung des Spannungs- und Formänderungszustandes beim Fließen starrplastischer Werkstoffe**
Von Dipl.-Ing. Gerhard Adler. 124 Seiten Text u. 76 Seiten mit 72 Bildern. Vergriffen

13 **Modellgesetzmäßigkeiten beim Rückwärtsfließpressen geometrisch ähnlicher Näpfe**
Von Dipl.-Ing. Dieter Kast. 101 Seiten Text u. 73 Seiten mit 60 Bildern u. 6 Tafeln. Vergriffen

14 **Untersuchungen über das Genauschneiden von Stahl und Nichteisenmetallen**
Von Dipl.-Ing. Wilfried Krämer. 96 Seiten Text u. 132 Seiten mit 128 Bildern u. 10 Tafeln. Vergriffen

15 **Entwicklung und Erprobung eines Simulators zur reproduzierbaren Nachahmung der Kraft-Weg-Verläufe von Umformvorgängen**
Von Dipl.-Ing. Kurt Schmid. 88 Seiten Text u. 38 Seiten mit 35 Bildern u. 2 Tafeln. 17,— DM

16 **Walzrichten von Metallbändern mit symmetrisch angestellter Fünf-Walzen-Richtmaschine**
Von Dipl.-Ing. Hans-Dietrich Witte. 108 Seiten Text u. 63 Seiten mit 60 Bildern u. 8 Tafeln. 22,— DM

17/18 **Erzeugung räumlicher Blechgebilde mittels Flächenbiegung**
Konstruktion, Abwicklung und Herstellung von Schraubtorsen aus Blech
Von Prof. Dr.-Ing. E. h. Dr. techn. h. c. Otto Kienzle.
120 Seiten Text u. 55 Seiten mit 86 Bildern u. 3 Tafeln. 22,— DM

19 **Einfluß der Alterung auf die mechanischen Eigenschaften von Stählen zum Kaltfließpressen**
Von Dipl.-Ing. Vladimir Hasek, CSc. 43 Seiten Text u. 54 Seiten mit 50 Bildern u. 3 Tafeln. 16,— DM

20 **Beitrag zur Frage der Spannungen, Formänderungen und Temperaturen beim axialsymmetrischen Strangpressen**
Von Dipl.-Ing. Rolf Dalheimer. 118 Seiten Text u. 76 Seiten mit 79 Bildern u. 3 Tafeln. Vergriffen

21 **Über den Einfluß der Werkzeuggeschwindigkeit auf den Stauchvorgang**
Von Dipl.-Ing. H.-J. Metzler. 127 Seiten Text u. 100 Seiten mit 94 Bildern u. 6 Tafeln. 25,— DM

22 **Numerische Behandlung von Verfahren der Umformtechnik**
Von Dr.-Ing. Elmar Steck. 67 Seiten Text u. 22 Seiten mit 43 Bildern. 16,— DM

23 **Ein Verfahren zur näherungsweisen Berechnung der Wärmeentwicklung und der Temperaturverteilung beim Kaltstauchen von Metallen**
Von Dipl.-Ing. Walther Pohl. 78 Seiten Text u. 51 Seiten mit 61 Bildern u. 4 Tafeln. 21,— DM

24 **Untersuchungen über das Drückwalzen zylindrischer Hohlkörper und Beitrag zur Berechnung der gedrückten Fläche und der Kräfte**
Von Dipl.-Ing. Hans-Jürgen Dreikandt. 161 Seiten Text u. 79 Seiten mit 73 Bildern u. 6 Tafeln. Vergriffen

25 **Über den Formänderungs- und Spannungszustand beim Ziehen von großen unregelmäßigen Blechteilen**
Von Dipl.-Ing. Vladimir Hasek, CSc. 129 Seiten Text u. 106 Seiten mit 109 Bildern u. 9 Tafeln. 35,— DM

26 **Über die Anisotropie des plastischen Verhaltens stranggepreßter Stäbe aus hexagonalen Metallen**
Von Dipl.-Ing. Günther Schröder. 129 Seiten Text u. 75 Seiten mit 97 Bildern u. 2 Tafeln. Vergriffen

27 **Die Messung der mechanischen Kontaktspannung in der Wirkfuge**
Werkzeug — Werkstück bei Umformverfahren
Von Dipl.-Ing. Fritz Dohmann. 99 Seiten Text u. 82 Seiten mit 93 Bildern u. 4 Tafeln. Vergriffen

28 **Beitrag zur rechnerunterstützten Auslegung von Pressengestellen**
Von Dipl.-Ing. Manfred Geiger. 94 Seiten u. 56 Seiten mit 63 Bildern. Vergriffen

29 **Untersuchungen über das Aufweittiefziehen**
Von P. S. Raghupathi, M. E. ISBN 3-7736-0780-6.
80 Seiten Text u. 54 Seiten mit 73 Bildern u. 2 Tafeln. 32.– DM

30 **Faltenbildung als Verfahrensgrenze beim Stauchen von Hohlkörpern**
Von Dipl.-Ing. Klaus Dieterle. ISBN 3-7736-0781-4.
55 Seiten Text u. 35 Seiten mit 43 Bildern u. 3 Tafeln. 28.– DM

31 **Beitrag zur Ermittlung von Fließkurven im kontinuierlichen hydraulischen Tiefungsversuch**
Von Dipl.-Ing. Franc Gologranc. ISBN 3-7736-0785-7.
125 Seiten Text u. 58 Seiten mit 95 Bildern u. 6 Tafeln. Vergriffen

32 **Untersuchungen an Strangpreßmatrizen**
Von Dipl.-Ing. Klaus Gieselberg. ISBN 3-7736-0786-5.
101 Seiten Text u. 56 Seiten mit 69 Bildern. 45.– DM

33 **Beitrag zur Messung der Strangoberflächentemperatur beim Strangpressen**
Von Dipl.-Ing. Karl-Heinz Friedrich. ISBN 3-7736-0787-3.
83 Seiten Text u. 90 Seiten mit 84 Bildern u. 3 Tafeln. 48.– DM

34 **Über das Umformverhalten von Blechen aus Titan und Titanlegierungen**
Von Dipl.-Ing. Hans Wilhelm. ISBN 3-7736-0788-1.
107 Seiten Text u. 69 Seiten mit 76 Bildern u. 13 Tafeln. 48.– DM

35 **Untersuchung der magnetischen Induktion, Stromdichte und Kraftwirkung bei der Magnetumformung**
Von Dipl.-Ing. Volker Schmidt. ISBN 3-7736-0789-X.
60 Seiten Text u. 53 Seiten mit 84 Bildern. 21.– DM

36 **Der Stofffluß beim kombinierten Napffließpressen**
Von Dipl.-Ing. Rolf Geiger. ISBN 3-7736-0790-3.
111 Seiten Text u. 74 Seiten mit 80 Bildern u. 6 Tafeln. Vergriffen

37 **Beitrag zum Verhalten superplastischer Werkstoffe beim Massivumformen**
Von Dipl.-Ing. Hans Schelosky. ISBN 3-7736-0791-1.
123 Seiten Text u. 61 Seiten mit 60 Bildern u. 4 Tafeln. Vergriffen

38 **Energieumsatz beim elektrohydraulischen Umformen**
Von Dipl.-Ing. Hans-Joachim Weckerle. ISBN 3-7736-0792-X.
103 Seiten Text u. 46 Seiten mit 56 Bildern. 45.– DM

39 **Elastische Wechselwirkungen an Gestell und Hauptgetriebe weggebundener Pressen**
Von Dipl.-Ing. Lutz Schemperg. ISBN 3-7736-0793-8.
91 Seiten Text u. 58 Seiten mit 65 Bildern u. 3 Tafeln. 45.– DM

40 **Über das plastische Verhalten von Sintermetallen bei Raumtemperatur**
Von Dipl.-Ing. Hartmut Höneß. ISBN 3-7736-0794-6.
84 Seiten Text u. 54 Seiten mit 67 Bildern u. 2 Tafeln. 45.– DM

41 **Untersuchungen zum Halbwarmfließpressen von Stahl**
Von Dr.-Ing. Rolf Geiger, Dipl.-Ing. Eckart Dannenmann und Dipl.-Ing. Jean Stefanakis.
ISBN 37736-0795-4. 50 Seiten Text u. 33 Seiten mit 34 Bildern u. 2 Tafeln. Vergriffen

42 **Änderung der Werkstoffeigenschaften beim Ziehen von zylindrischen Hohlkörpern aus austenitischen und ferritischen nichtrostenden Stählen**
Von Dipl.-Ing. Rolf Zeller. ISBN 3-7736-0796-2.
80 Seiten Text u. 52 Seiten mit 34 Bildern u. 2 Tafeln. 38.– DM

43 **Untersuchungen über das Fließpressen superplastischer Werkstoffe**
Von Dr.-Ing. Hans Schelosky. ISBN 3-7736-0797-0.
36 Seiten Text u. 24 Seiten mit 26 Bildern u. 1 Tafel. Vergriffen

44 **Umformende Bearbeitung in flexiblen Fertigungssystemen**
Von Dipl.-Ing. Hartmut Kaiser. ISBN 3-7736-0798-9.
87 Seiten Text u. 24 Seiten mit 47 Bildern. 36.– DM

45 **Geometrische Eigenschaften tiefgezogener kreiszylindrischer Näpfe**
Von Dipl.-Ing. Dieter Schlosser. ISBN 3-7736-0799-7.
107 Seiten Text u. 64 Seiten mit 60 Bildern u. 9 Tafeln. 48.– DM

46 **Die Eigenschaften einer AlZnMgCu-Legierung nach ausgewählten Kombinationen von Wärmebehandlung und Kaltumformung**
Von Dipl.-Ing. Karl Hankele. ISBN 3-7736-0880-2.
86 Seiten Text u. 51 Seiten mit 52 Bildern u. 4 Tafeln. 45.– DM

47 **Kaltmassivumformen von Sintermetall**
Von Dipl.-Ing. Hans Dieter Schacher. ISBN 3-7736-0881-0.
84 Seiten Text u. 44 Seiten mit 47 Bildern u. 5 Tafeln. 42.– DM

48 **Rechnerunterstützte Arbeitsplanerstellung und Kostenrechnung beim Kaltmassivumformen von Stahl**
Von Dipl.-Ing. Peter Noack. ISBN 3-7736-0882-9.
216 Seiten Text u. 116 Seiten mit 134 Bildern u. 23 Tafeln. 65.– DM

49 **Beitrag zur beanspruchungsgerechten Auslegung von rotationssymmetrischen Fließpreßmatrizen**
Von Dipl.-Ing. Günther Krämer. ISBN 3-7736-0883-7.
94 Seiten Text u. 53 Seiten mit 56 Bildern. 48.– DM

50 **Erzeugung gratfreier Schnittflächen durch Aufteilen des Schneidvorgangs (Konterschneiden)**
Von Dipl.-Ing. Heinz Liebing. ISBN 3-7736-0884-5.
87 Seiten Text u. 51 Seiten mit 55 Bildern u. 4 Tafeln. 46.– DM

Die Berichte 1 bis 58 sind zu beziehen durch das Institut für Umformtechnik, Holzgartenstr. 17, 7000 Stuttgart 1

51 **Berechnung der elastischen Eigenschaften von Baugruppen im Pressenbau**
Von Dipl.-Ing. Herbert Blum ISBN 3-540-09804-6.
151 Seiten mit 55 Abbildungen. Vergriffen

52 **Untersuchung der Verfahrensgrenzen beim 180°-Biegen von Fein- und Mittelblechen**
Von Dipl.-Phys. Wolfgang Schaub. ISBN 3-540-09881-X.
65 Seiten mit 24 Abbildungen. 38.– DM

53 **Abstreckgleitziehen von nichtrostenden austenitischen Stählen**
Von Dipl.-Ing. Jobst-H. Kerspe. ISBN 3-540-09882-8.
109 Seiten mit 36 Abbildungen. 43,– DM

54 **Fließpressen von Stahl im Temperaturbereich 773 K (500°C) bis 1073 K (800°C)**
Von Dipl.-Ing. Ulrich Diether. ISBN 3-540-09959-X.
165 Seiten mit 80 Abbildungen. 48,– DM

55 **Die numerisch gesteuerte Radial-Umformmaschine und ihr Einsatz im Rahmen einer flexiblen Fertigung**
Von Dipl.-Ing. Peter Metzger. ISBN 3-540-10073-3.
158 Seiten mit 65 Abbildungen. 43,– DM

56 **Möglichkeiten zur Steuerung des Stoffflusses beim Ziehen großer unregelmäßiger Blechteile**
Von Dr.-Ing. Vladimir V. Hasek. ISBN 3-540-10074-1.
193 Seiten mit 96 Abbildungen. 48,– DM

57 **Beitrag zur Arbeitsgenauigkeit des Kaltmassivumformens**
Von Dipl.-Ing. Herbert Leykamm. ISBN 3-540-10363-5.
165 Seiten mit 84 Abbildungen und 5 Tabellen.. 48,– DM

58 **Untersuchungen über das Verjüngen von zylindrischen Vollkörpern**
Von Dipl.-Ing. Helmut Binder. ISBN 3-540-10466-6.
146 Seiten mit 50 Abbildungen und 3 Tabellen. 43,– DM

59 **Umformverhalten legierter Sintereisen**
Von Dipl.-Ing. Manfred Stilz. ISBN 3-540-11051-8.
170 Seiten mit 75 Abbildungen und 5 Tabellen. 48,– DM

60 **Interaktives Programmsystem zur Erstellung von Fertigungsunterlagen für die Kaltmassivumformung**
Von Dipl.-Ing. Michael Rebholz. ISBN 3-540-11052-6.
121 Seiten mit 46 Abbildungen. 43,– DM

61 **Beitrag zum Ziehen von Blechteilen aus Aluminiumlegierungen**
Von Dipl.-Ing. Michael Blaich. ISBN 3-540-11067-4.
141 Seiten mit 64 Abbildungen und 5 Tabellen. 43,– DM

62 **Auslegung von rotationssymmetrischen Fließpreßwerkzeugen im Bereich elastisch-plastischen Werkstoffverhaltens**
Von Dipl.-Ing. Thomas Neitzert. ISBN 3-540-11623-0.
159 Seiten mit 51 Abbildungen. 53,– DM

63 **Fließpressen von Sintermetall im Temperaturbereich zwischen 873 K (600°C) und 1173 K (900°C)**
Von Dipl.-Ing. Wolfgang Schaub. ISBN 3-540-11678-8.
160 Seiten mit 85 Abbildungen und 9 Tabellen. 53,– DM

64 **Rechnerunterstützte Konstruktion von Umformwerkzeugen und die Fertigungsplanung von Werkzeugelementen**
Von Dipl.-Ing. Dieter Steuss. ISBN 3-540-11856-X.
178 Seiten mit 87 Abbildungen und 6 Tabellen. 53,– DM

65 **Möglichkeiten und Grenzen des Kaltgesenkschmiedens als eine fertigungstechnische Alternative für kleine, genaue Formteile**
Von Dipl.-Ing. Khang Hoang-Vu. ISBN 3-540-11876-4.
156 Seiten mit 62 Abbildungen und 5 Tabellen. 53,– DM

66 **Einsatz numerischer Näherungsverfahren bei der Berechnung von Verfahren der Kaltmassivumformung.**
Von Dipl.-Ing. Karl Roll. ISBN 3-540-11910-8.
166 Seiten mit 49 Abbildungen und 2 Tabellen. 53,– DM

67 **Untersuchung über das Verjüngen von dickwandigen, zylindrischen Hohlkörpern**
Von Dipl.-Ing. Knut Haarscheidt. ISBN 3-540-12229-X.
124 Seiten mit 58 Abbildungen und 6 Tabellen. 58,– DM

68 **Rechnerunterstützte Optimierung des Tiefziehens unregelmäßiger Blechteile**
Von Dipl.-Ing. Hans Glöckl. ISBN 3-540-12522-1.
143 Seiten mit 60 Abbildungen. 58,– DM

69 **Hydrostatisches Fließpressen: Verfahrensparameter und Werkstückeigenschaften**
Von Dipl.-Ing. Jobst H. Kerspe. ISBN 3-540-12537-X.
123 Seiten mit 69 Abbildungen und 5 Tabellen. 58,– DM

70 **Untersuchungen zum Halbwarmfließpressen von Automatenstählen**
Von Dipl.-Ing. Eberhard Nehl. ISBN 3-540-12568-X.
145 Seiten mit 104 Abbildungen. 58,– DM

71 **Entwicklung und Anwendung neuer Schmierstoffprüfverfahren für die Kaltmassivumformung**
Von Dipl.-Ing. Thomas Gräbener. ISBN 3-540-12836-0.
140 Seiten mit 65 Abbildungen. 58,– DM

72 **Einfluß der Blechoberfläche beim Ziehen von Blechteilen aus Aluminiumlegierungen**
Von Dipl.-Ing. Erhard Mössle. ISBN 3-540-12837-9.
142 Seiten mit 62 Abbildungen und 6 Tabellen. 58,– DM

73 **Werkzeugverschleiß in der Massivumformung**
Von Dipl.-Ing. Matthias Weiergräber. ISBN 3-540-13033-0.
72 Seiten mit 36 Abbildungen und 2 Tabellen. 58,– DM

Die Berichte 59 und folgende sind zu beziehen durch den Springer-Verlag, Berlin Heidelberg New York Tokyo

74 **Grundlagen der Umformtechnik I · Fundamentals of Metal Forming Technique I**
298 Seiten. ISBN 3-540-13039-X. 58,– DM

75 **Grundlagen der Umformtechnik II · Fundamentals of Metal Forming Technique II**
280 Seiten. ISBN 3-540-13040-3. 58,– DM

76 **Herstellung und Versteifungswirkung von geschlossenen Halbrundsicken**
Von Dipl.-Ing. Michael Widmann. ISBN 3-540-13172-8.
150 Seiten mit 63 Abbildungen. 63,– DM

77 **Kostenoptimierter Einsatz der Radialumformmaschine in gemischten, flexiblen Fertigungssystemen**
Von Dipl.-Ing. Michael Dostal. ISBN 3-540-13286-4.
121 Seiten mit 61 Abbildungen. 63,– DM

78 **Rechnerische Ermittlung von Zustandsgrößen beim Radialumformen**
Von Dipl.-Ing. Roland Paukert. ISBN 3-540-13287-2.
131 Seiten mit 57 Abbildungen und 1 Tabelle. 63,– DM

79 **Numerische Steuerung einer flexiblen Bearbeitungseinheit zum Radialumformen**
Von Dipl.-Ing. Helmut Noller. ISBN 3-540-13550-2.
120 Seiten mit 41 Abbildungen und 2 Tabellen. 63,– DM

80 **Vergleichende Betrachtung der Verfahren zur Prüfung der plastischen Eigenschaften metallischer Werkstoffe**
Von Dr.-Ing. Klaus Pöhlandt. ISBN 3-540-13578-2.
178 Seiten mit 43 Abbildungen und 11 Tabellen. 63,– DM

Die Berichte 59 und folgende sind zu beziehen durch den Springer-Verlag, Berlin Heidelberg New York Tokyo

GPSR Compliance

The European Union's (EU) General Product Safety Regulation (GPSR) is a set of rules that requires consumer products to be safe and our obligations to ensure this.

If you have any concerns about our products, you can contact us on ProductSafety@springernature.com

In case Publisher is established outside the EU, the EU authorized representative is:

Springer Nature Customer Service Center GmbH
Europaplatz 3
69115 Heidelberg, Germany

Batch number: 10682421

Printed by Printforce, the Netherlands